花钱的技巧

蔡澜 著

浙江人民出版社

图书在版编目（CIP）数据

花钱的技巧 / 蔡澜著. — 杭州 : 浙江人民出版社,
2024.5（2024.6重印）
　　ISBN 978-7-213-11381-9

Ⅰ.①花… Ⅱ.①蔡… Ⅲ.①财务管理—通俗读物
Ⅳ.①TS976.15-49

中国国家版本馆CIP数据核字 (2024) 第066847号

浙 江 省 版 权 局
著作权合同登记章
图字:11-2023-369 号

花钱的技巧
HUAQIAN DE JIQIAO

蔡澜　著

出版发行：浙江人民出版社（杭州市环城北路 177 号　邮编　310006）
　　　　　市场部电话：（0571）85061682　85176516
责任编辑：齐桃丽
策划编辑：陈世明　朱子叶
营销编辑：童　桦　杨谨瑞
责任校对：何培玉
责任印务：幸天骄
封面设计：天津北极光设计工作室
电脑制版：北京之江文化传媒有限公司
印　　刷：杭州丰源印刷有限公司
开　　本：880 毫米 ×1230 毫米　1/32　　印　　张：8.5
字　　数：154 千字　　　　　　　　　　插　　页：2
版　　次：2024 年 5 月第 1 版　　　　　印　　次：2024 年 6 月第 2 次印刷
书　　号：ISBN 978-7-213-11381-9
定　　价：48.00 元

目 录
CONTENTS

旅行与美食

文
化
与
体
验

时尚与品味

生活智慧与享受

旅行与美食

拉帕皇宫酒店

我入住过无数酒店，给我留下深刻印象的不多。葡萄牙首都里斯本的拉帕皇宫酒店（Lapa Palace Hotel）可算是其中之一。

虽然名字中有个"Palace"（皇宫），但是并没有皇帝住过。拉丁文中的"Palace"来自"Palatium"，"Palatium"是帕拉蒂诺山峰（Palatino）上的一座巨宅。

葡萄牙在1755年经历过一次大地震，之后贵族们在一座山上重建了一个叫"Lapa"的高级住宅区。115年后，一个子爵建了一座大楼，后来这里一直是名流交际的场所，到了1992年才改为酒店。

屋内装修由19世纪的墙砖大师皮内罗（Pinheiro）负责铺饰，壁上绘画是艺术家科伦巴诺（Culumbano）的手笔，至今原封未动，整座酒店像个小型的博物馆。

大堂在四楼，下层作为客厅。我住在第七层，一房一厅，很大，面对着海。打开落地窗，可以俯视整个里斯本。

里斯本并非一个旅客专程来游玩的胜地，大家只是路上经过这里而已。在旅游业不发达的城市，机场不需要建得老远。在近一点的机场，下机后到达酒店才十几分钟，这让我想起从前的启德机场。

市里有很多蓝色的砖墙建筑，酒店里也多是蓝色装饰，从窗口望去，天是那么蓝，蓝得令人难以置信。对被污染的空气笼罩的大都市人来说，平时看到的天，是灰暗的。

这座酒店的房间内看不到一般酒店典型的电视机，和意大利波托菲诺（Portofino）的斯普林贝尔蒙德酒店（Belmond Hotel Splendido）一样，要按按钮后电视机才会升起来。这样的设计是为了尽量不让客人看到现代化的器具，否则与古朴的情调大异，气氛就不调和了。

天气酷热，房内有一精密的温度控制器，供人调到最舒适的状态，因而不像其他酒店会忽冷忽热，但是许多客人还是穿上游泳衣到户外泳池戏水。

口渴，想沏杯茶，酒店会供应热水。对欧洲酒店来说，这挺难得的。柜台上摆着一瓶碎酒，由酒店赠送，需要打开一瓶有气矿泉水勾兑着喝。由于天气热，不勾兑直接喝的话酒会太甜。

坐在客厅沙发上慢慢享受这杯酒，望向窗口，看到市标大桥四月二十五号大桥（Ponte 25 de Abril）。这座桥有 1 英里（约 1609 米）长，和旧金山的金门桥相似，原来叫"Ponte Salazar"，用以纪念葡萄牙的独裁者，因为 1974 年 4 月 25 日的革命才改名的。

另一老远可以看到的是耶稣像，和里约热内卢的一样。巴西也曾是葡萄牙殖民地，虽然葡萄牙是一个小国，但在当时相当辉煌。

差不多到了晚饭时间，可以先洗个澡。浴室中摆放了大量化妆品、防晒水、太阳油等，这些当然是可以让客人带走的。撒一把海盐入大浴缸，把耶古斋的引擎开动，可以好好泡一泡。

泡好走出来，有点饿了，看到餐桌上摆了一两个典型的糕点——葡式蛋挞，忍不住试了一口，看看与在澳门吃的有什么不同。最大的区别是此处的糕点松软，入口即化，好像吃多少个都不会胀肚。

桌上还有两个又红又大的水蜜桃，还是等一会儿再吃来通肠胃吧。

我抽了一根烟才下去。房内有精美的瓷碟，葡萄牙人烟抽得很凶，到处都可以看到这些烟灰缸。有些客人会顺手牵羊，所以书桌上摆着一块牌子，有一行小字写着：要是带走房内摆设，酒店会从你的信用卡中划账，另加原价的百分之三十当成运费。

走出门，门上挂着两条彩丝带结成的朵花，一红一绿，门上有小铜钩，让你挂上，红的是请别打扰，绿的是请整理房间，这与普通酒店的两块硬纸牌大有分别。

经过大堂的服务部，职员客气地问道："枕头的软硬度还可以吧？"

接着他带我进去，室中摆满各式各样的枕头，任选。

吃饭之前，先来杯餐前酒，走进一个由布置得古色古香的房间改建的酒吧，里面摆着一架三角钢琴。

"晚上，有音乐家来演奏。"侍者说，"当年，这是女主人的卧室，后变成名媛说别人坏话的地方。楼上还有一个宴会厅，我带你去看看。"

反正不赶时间，随他上楼。现在五楼整层改为伯爵套房，里面之豪华可用英语"Fit For a King"（王者之选）的水平来形容。

"多少钱一晚？"我问。

"2500 欧元。"他说。

25000 港元，在西欧可找不到同样的地方住。

"整个酒店一共有多少间房？"

"94 间。"

"我住的那间从前是做什么用的?"

侍者笑着说:"子爵的更衣室。"

参观完毕走回餐厅。餐厅是由意大利的切伯利尼经营的。来到葡萄牙,吃什么意大利菜呢?但对当地人来说,这样才有高级的异国情调。我们已经出门多日,有点疲倦,就这么悠闲地在酒店餐厅随便吃一餐吧。

打开餐牌,里面有特别的一项——烤乳猪,给喜欢吃葡萄牙菜的人享受,即刻要了。酒牌中的陈年佳酿无数,点了一瓶20 年的马斯卡丁葡萄甜酒当作饮品,酒足饭饱。

到了里斯本,千万别错过这家酒店。

E&O 酒店

马来西亚槟城的 E&O 酒店创立于 1885 年,被誉为"苏伊士运河之东的超顶级旅馆"。当年,还没有新加坡的莱佛士酒店呢,可见槟城的重要性。

很多人以为这家酒店是英国人建的,其实他的创始人沙基斯(Sarkies)兄弟来自亚美尼亚,他们是眼光独到的商人。最初,他们建了东部酒店(Eastern Hotel),生意一好,又开设了东方酒店(Oriental Hotel),两家合并成为 E&O。东方的皇室成员和名流都争相下榻，如今还保留着约瑟夫·鲁德亚德·吉卜林（Joseph Rudyard Kipling）、威廉·萨默塞特·毛姆（William Somerset Maugham）和赫尔曼·黑塞（Hermann Hesse）等作家的套房。

在 20 世纪 20 年代的经济大萧条和马来西亚树胶价格最低的时期，许多曾经富有的常客落难在槟城，沙基斯兄弟也很大方，没有追讨债务，因此当时的 E&O 也被戏称为"吃和欠"。

日本人在第二次世界大战期间将其占用并作为军部驻地，战后马来西亚独立，这个老旧的建筑侥幸保存了下来。我一直为它的命运感到惋惜。它仍然保持着雄伟的气势，特别是大堂中那个圆顶的回音廊，给人留下了深刻的印象。

酒店的房间非常宽敞，我记得可以容纳三张大床。晚上听着海浪声入眠，它占据了 842 英尺（约 257 米）的海岸线，没有其他现代酒店可以比拟。

我一直希望有一天它能恢复昔日的光彩，虽然建造新酒店容易，但翻修很困难。终于在 2001 年，经过 5 年的翻修，它重登东南亚顶级酒店之一的地位。

如今的 E&O，大堂的柜台依旧保留着昔日的样貌，有个木箱放置房间钥匙，虽然其他酒店都用电子卡片，但这里仍然使用沉甸甸的铜牌，上面刻着房间号码，插在匙框中。

E&O 总共有 108 间大小一样的套房，如果你入住的房间没有海景，那么就会有更大的浴室来弥补不足。巨大的白色浴缸被绿色大理石围绕着，里面还有一个淋浴花洒间。毛巾有 5 英尺（约 1.5 米）长，洗脸盆有两个，不是并排放置，而是相对分布在浴室两端。在中国香港，这样的面积可以住下一家人。

房间铺着的阿富汗地毯，越用越漂亮。两张大床，铺着柔软的埃及床单，床头和床尾共有四根柱子。

"从前这是用来挂蚊帐的。"带我进去的经理解释道，"当年发生疟疾时，我们的酒店向客人保证这里一定安全，你知道吗？"

"什么时候开始，才把蚊帐拆除的？"我反问道。

经理摇头。

我的认知比他丰富，补充道："E&O 曾经自己发明了一种防蚊的油漆，还注册了专利，后来就不再需要使用蚊帐了。"

"现在如果有客人投诉的话，我们会提供电子蚊香。"经理耸耸肩说。

房间内的现代化电器尽量隐藏起来，电视、冰箱都藏在木柜内，客厅摆放着免费的热带水果和矿泉水。

我换上泳裤，跑到楼下。靠海的泳池长 25 米，宽 15 米。游泳的多是西方人，东方人则喜欢在泳池边晒太阳，并浅尝一杯鸡尾酒。

我记得品尝过一盘海南厨子的炒米粉，非常美味，于是去 E&O 酒店纪念创始人的咖啡厅沙基斯角（Sarkies Corner）再点了一份。奇怪的是，味道一点都没有改变，和三四十年前一样。

"1885 年"是餐厅名，也是这间西餐厅创立的年份。法夸尔酒吧（Farquhar's BAR）是古老的英式酒吧，有人问 Farquhar 是谁？答案是一位英国子爵。另外，还有一个专卖面包和糕点的面包房。

大宴会厅是当时名流社交的场所，有两层楼高，楼上设有包厢，早年的歌剧演出都在这里举行。如今它作为婚宴场所对外开放，我特地让经理带我去参观。我想象着道格拉斯·范朋克（Douglas Fairbanks）、玛丽·璧克馥（Mary Pickford）、丽塔·海华丝（Rita Hayworth）等好莱坞明星在这里跳舞的场景。

当年的沙基斯兄弟已经懂得连锁酒店的经营理念。他们到新加坡开设了莱佛士酒店，去缅甸仰光开设了斯特兰德酒店（The Strand Hotel），始终坚持提供一流的服务和采用古典雅致的建筑。

莱佛士酒店也经历了长时间的失修，如今已完全恢复原貌，并增加了一个新的楼翼。你在乘电梯前往客房时，需要使用私人钥匙，仿佛自己是身份高贵的人，但这也让人失去了亲切感。

仰光的斯特兰德酒店原本也非常破旧，经历了缅甸的战火，几乎无法继续营业，但酒店天才亚伦·积克尔将其翻新，保留了古老的外观。我虽然没有住过，但去那里享用过下午茶。这种英国传统风格只有传统的老旅馆才能做得出色。斯特兰德酒店现在是仰光最昂贵的酒店，一般人认为它不值得入住，但是喜欢古典雅致的客人依然络绎不绝。

槟城的E&O房价也同样昂贵。我看过新建的香格里拉沙洋度假酒店（Shangri-La Rasa Sayang），它是度假村式的，有几个大泳池和E&O没有的SPA设施，但总觉得它的外观很奇怪，既不像美国风格，也没有南洋的特色，所以我最后还是选择了E&O。

酒店外面就是一条酒吧街，这种仿效香港兰桂坊的娱乐场所随处可见。星期五和周末有特别多的年轻男女，有些是为了寻找一夜情，但他们大多数人会失望而归，东方人还是没有拉丁民族那样热情奔放。

稍微走远一些，我们就能看到印度食堂和南洋咖啡店，各种正宗小吃应有尽有。与其去寻找一夜情，我更愿意享受这些地道美食。

E&O是人生之中值得入住的酒店。经过千辛万苦装修，酒店才能恢复原貌，而且更加完美，可惜的是，由于大海被污染了，所以再多的人力、物力，也无法让我们看到白沙。

曼谷与 R&R

从迪拜回来，在曼谷停了两天，我叫这种停留为 R&R。

R&R 这个名词来自美军。第二次世界大战之后，美国人派兵到世界各地驻扎了很长时期，驻扎结束回老家之前就让士兵们去 R&R 一番。第一个 R 代表了 Rest（休息），第二个 R 代表了 Recreation（娱乐和消遣），有点恢复身心的意思。

在欧美和中东，名胜和美食俱佳的国家有不少，但我始终会看厌和吃不惯。一个星期下来，非到我们熟悉的地方 R&R 不可，而天下最佳的 R&R 地就在泰国。

文华东方酒店已像是我另外一个家，如果作家翼（Authors' Wing）订不到房间的话，那么其他房间也可以，舒舒畅畅。每层楼都有特别服务员，像私人管家，二十四小时服务。大堂的招待员是挑选出来的，记忆力特佳，见过你两次面，即能叫出某某先生来。

抛下行李就往外走，已经可以看到众多的街边小排档。卖番石榴和青杧果的小贩们削皮切片，奉送一小袋加盐加糖的佐料，让你蘸着吃。

另有一摊卖水晶包，里面包的是糖和花生碎，又甜又咸，泰国人总是把这两种不同的味道弄得非常调和。不知怎么买的话，递上一张 20 泰铢的钞票好了，约等于港元 5 块。付了钱，你知道有多少分量，下次买可以增多或减少。

榴梿正当季，见有干包，忍不住即刻要了几粒试试。说来也奇怪，拿了榴梿后手很干净，名副其实的"干包"嘛，不会粘手的。怎么分辨出是干包种？看果子就知，其他的只有一根手指长，干包至少有七八英寸（约 0.2 米），有的长至一英尺（约 0.3 米）。

非吃不可的是干捞面，泰语叫 BA-MI-HANG，20 泰铢一碗，里面佐料极多，鱼蛋、牛肉丸、猪肉碎、猪肝、炸云吞、青菜、豆芽等，再淋上猪油，放上炸红葱头、炸蒜头，撒以葱和芫荽（即香菜）。啊！我最爱吃了，香港如今也有几家店会做，但味道始终不如曼谷街边的。

再往前走，角落头有家卖甜点的，各种椰浆大菜糕是我最喜欢的，要不然买一串碱水粽，迷你装，包得像鱼蛋那么大，蘸糖吃，也只有泰国人才肯花这种功夫。

甜品店转角，进入一条巷子，里面卖的是潮州粿汁，这种最地道的小食，香港已失传。基本上它是把沙河粉切成三角状，煮成一大锅糜糊状。食时铺以猪头肉、猪皮、各种内脏、豆卜，淋上大量卤汁后上桌。

还有一摊卖炒粉、炒面，以虾为配料，泰国人把它叫成香港炒面，但与香港的味道完全不同，非常可口。

菜市场中的水果，多得数不胜数，最要紧的是买一个熟透了的当日可食的木瓜，食了木瓜，吃多少辣东西都不必担心了。

买了几个塑料袋，走过大堂，服务员投以欣赏的眼光："蔡先生，开餐啊？"

放在房间内，吃不吃不是一个问题，有安全感才最重要。

到了午饭时间，又出门。

先来一顿泰国菜，去了老饕推荐的"Lemongrass"，叫好几道菜，吃过之后觉得它像"太平馆"的豉油餐，这里做成瑞士汁冬阴功，是经过改良的，迎合西方人的口味。没有吃过的话，是值得一去的，你会发现它比其他的泰国食肆出色。但是，如果要找正宗的，你还是得到另一家老字号"BAAN CHING"去。

饭后试了两家泰国SPA：一家是最高级的，但手艺并不出众；另一家是当地人喜欢，且价廉物美的集团经营SPA，水平也只不过普通而已。

友人向我介绍了张太太，她是一位烹调高手，家庭富有，儿女又长大了，无聊之下，想做私房菜。我准备去试试，未到之前，我先去了最著名的菜市场——查笃查。查笃查极大，其中有个部分开成百万富翁菜市，名叫"Otoko"，那里的东西最新鲜，我要买些罕见的食材请张太太烧。

终于给我找到了鱼子，从前吃过，非常鲜美，至今难忘。

泰国鱼子和伊朗鱼子酱、日本鲑鱼子、中国台湾的乌鱼子都不同，每一粒有小孩打的石弹子那么大，说了你也不相信。

这是一种巨大的泥鳅的鱼子，鱼长在湄公河中，有一个人那么大，当地华侨称之为孔明鱼，不知出自何典，又为何与孔明有关。

把孔明鱼子拿到张家，张太太也说没有吃过，就由我亲自动手，用橄榄油把蒜蓉爆香，扔鱼子进锅，由透明煎至发白即熟，上桌前加一两个鸡蛋。吃进嘴里，用牙齿一咬，能感到鱼子爆开，这真是天下美味。

翌日，再到众人推荐的一家法国菜馆和一家意大利餐厅。吃了之后，觉得不错。但这绝非什么惊人的味道，大概是"君之所好，非吾所喜"吧。

潮州菜已成为泰国的国食，有两家很出色的，就在残废餐嘉乐斯的后面，叫"光明"和"廖成"。华侨师傅的手艺千年不变，烧出了最家常和最原始的潮州菜，这只在曼谷才能享受到。

回到文华东方，乘船渡河，来到酒店经营的 SPA，做一个六小时按摩，之后到自助餐泰国菜餐厅去吃，其他地方的自助餐不试也罢。文华东方的最高级也最传统，吃过之后，才明白什么叫泰国菜。这两天的 R&R，仿佛令我变成一个新生儿。

抵达香港，又去吃云吞面。

邮轮美梦

还没有乘过邮轮出海的人，总希望一生之中达成这个心愿。在无际的海洋中，群鸥跟着巨轮飞翔。观日出，看夕阳，搂抱着爱人的腰，站在船头。

在小说、电影和电视剧的影响下，我们的念头愈来愈强烈，未到千般恨不消，花了毕生储蓄，也要坐它一趟，即使电影中出现的船大多数是沉下去的。

邮轮生意在旅行界中，已是一枝独秀，船愈造愈大，怎么都追不上消费者的需求。如今的邮轮集团，都已被美国的大机构买去，剩下小船，还勉强支撑着，但恐怕最后也要接受被收购的命运。

大邮轮的广告攻势也很厉害：船内什么都有，简直是一个海上的小城市或很大的游乐场，乘了之后，总有罗曼史发生在你身上。

好了，总有一天，你上了邮轮，到地中海各个小岛，横跨大西洋，或者经北欧到俄罗斯。

说是世界级的大邮轮，有五、六、七、八星，但一踏进去，第一个感觉就是：咦，怎么大堂那么小？

到大众进食的餐厅，也没想象中那么堂皇，怎么不像电影中开舞会的那个那么宏伟？

走上甲板，以为船在海中，游泳池一定很大，但怎么那么像小镇里白领阶层的住宅，在后花园勉强辟个池子给儿童浸脚那么寒酸？

一切布置，都不豪华，而且还有点偷工减料的感觉，不像从前的船，想保存永世，肯下本钱。

天哪，我们想象中邮轮的优雅，到哪里去了？

最近，我们参观过一艘大邮轮，它就给大家一个单薄的感觉。同行的一位法官朋友感叹："整艘船一共有十多层，拿一层出来当大堂和餐厅，就不得了嘛！"

说得一点也不错，但是不管是哪一个国家建造邮轮，设计图最后都得让美国大老板批准。美国人做事精打细算，收入都是靠怎么节省成本来赚钱的。美国大老板一看设计师要浪费那么多的空间，红笔一挥，这些地方就变成能卖钱的客房了。这从他们集团经营的连锁酒店也可以看出来，从来没有一家酒店有个像样的大堂。

空间的"浪费"是一个很大的学问，并非每个集团的大老板都能够了解。它的道理其实也非常简单：一浪费，气派就跟着来了。所以，这些只存在美好的年代中，在经济挂帅的今天，没有那种可能。

到底是人一生一次的梦想嘛，邮轮总要乘的，但千万别期待过高，否则付了大笔旅游费，也会失望。

走进客房,你绝对不会看到窗口是一个个的圆洞,它的窗和大城市的酒店一模一样。到各层去,也乘电梯,加上航行中的平稳,你发现像没有离开过陆地,没有一件东西能提醒你有出海的感觉。

船上是包吃包住的,吃它一个过瘾吧!是的,自助餐食物的选择极多,正餐也有好几道菜,但没有想象中的美食,一切平平庸庸,好吃绝对称不上,难吃也谈不上。多餐下来,最后还是要躲在房间里吃方便面。

我住的是套房啊!我比其他游客付的钱多,为什么不能吃得更好?

好了,去看表演吧。一流的艺人,分秒必争,飞去到处表演,哪肯和你在船上泡十几天工夫?

下棋、砌图、拼字、玩蛇梯或大富翁吧,不然去表演厅买宾戈(Bingo)卡牌,享受美国佬退休人士的游戏,十几天下来,你好像住进了养老院。

在海上,不受工会的约束,职员没有最低薪金的管制。精打细算的雇主,付出的酬劳低微得很,船上员工大多数靠小费。虽然没有硬性规定要付多少,但你每天要看到他们那可怜兮兮的表情,加上那巴不得分分秒秒想伸出手来的动作,会令你感到无穷的压力。

船一停泊,上岸一游得自费,车费和导游费都贵得不得了。有些连小费都吝啬，更是不舍得，只好在船上玩宾戈游戏去了。

这些话并非吓唬你，不让你去乘大邮轮，而是让你有点心理准备。邮轮旅行还是一种独特的体验，要试的话，最好是坐小的，大的不能停泊在小地方。大的景点，可乘飞机抵达。坐小船游地中海群岛，倒是很大的乐趣。

选择方面最好是意大利人经营的船只，意大利餐总比什么假法国餐容易吃进口，不开胃时来碟意大利面和炒饭，也不会吃厌。

这些船分等级，丰俭由人。服务员是终身职业，像个英国的老管家，小费少也不会给客人脸色看，餐饮方面，也很有水平。

年轻客人较多，没有死气沉沉的感觉。遇到上了年纪的，衣服都穿得整齐光鲜，他们已经到了能够享受孤独的阶段。你不打扰他们，他们也不会和你搭讪。坐在甲板上看到的夕阳，好像永不落山。这种海上旅行，才叫优雅。

新罗酒店理发厅

到韩国去，当然要试那边最好的东西。

每次我组织旅行团，都会有一个主题。这次我们去首尔，是为了参加即将消失的伎生宴。20 名身穿韩国传统服装的少女将会侍候我们，她们将展示载歌载舞的艺术，提供贴心的服务，让我们尽情享受。大家都为此兴奋不已。

而另一种至高的享受，则是在韩国的理发厅。

数十年前，我初次到达韩国，从日本乘船，登陆釜山，一路坐火车，每一站都停下来观赏美景。在一个小镇上，有两个钟头的停留时间，我光顾了一家理发厅。那里的师傅经验丰富，小伙子给我洗头，吐气如兰的少女为我剃须，一切都在温柔中进行。

汽笛声响起，火车即将出发，我却舍不得离开理发厅。

这种服务是全世界难觅的，洋人一辈子也享受不到，如今也已消失，仅存的便是开在高级酒店内的理发厅了。

在首尔，新罗酒店（The Shilla）无疑是最好的。

这里的理发厅有一格格的隔间，拉开布帘，你便进入一个小天地。理发依旧由男性大师傅负责，其他则全由女性负责。

你坐在舒适的椅子上，女郎先抬起你的一只脚，把毛巾铺在洗脚缸边，让你垫着。然后，她为你脱下袜子，涂上皂液，细心地为你洗脚，轻揉每一个脚趾，用力按摩每一个穴位。

一只脚至少要享受五分钟的按摩，接着再换另一只脚。

起身，椅子上铺了海绵垫，变成一张大床。

除去浴袍，少女会为你在背部涂上乳液，开始按摩。然后铺上一条、两条、三条……七条、八条热毛巾。

忽然，她一跳，跳到椅子上，双手抓着天花板上的铁杆，用脚踏在你背部中央。当你感到有些沉重时，她会轻轻一动，双脚左右滑下，这个动作会一次又一次地重复。

接着，拉开热毛巾，再用一条新的。她会擦拭你的背部，然后开始进行下半身的按摩。

你尽管闭上眼睛尽情享受。不知不觉又有另一双手悄无声息地加入，原来是女郎的徒弟，一边为你服务，一边学习师傅的动作。这是培养新鲜血液的最佳办法。

她们会尽可能按摩你身体的每一个角落，除了最敏感的部位。这家韩国的高级理发厅绝对没有色情服务，只是提供肌肉上所有的感官刺激。

然后，你翻过身来，她用双腿夹住你的手臂，在你腕关节处进行按摩。然后她把你的双脚用她平坦的小腹顶着，用手压住你生殖器两旁的穴位，这个举动会持续很久。当她放开手时，血液会涌上来，带来一阵温暖。

对那些肚子略大的中年人来说，腹部推按感觉非常舒服。她的手势会双边按压，上下推按，再一周又一周地打圈，愈摸愈低，但永远碰不到你最敏感的部位。

按完腹部后，会继续按摩胸部。和按摩背部的过程一样，涂上乳液后用大量的热毛巾敷在上面。双腿也会用热毛巾包裹。

人体中有许多穴位是自己找不到，也不敢轻易碰触的。经过这种疗法，我确实感觉舒畅。

她打开塑料袋，取出一条新的毛巾，擦拭你的身体后，把毛巾丢进废纸篓，不再使用。

然后，她会用皂液洗手，按摩你的头部，用力按压双眼和鼻梁之间，下巴的凹陷处也不例外。脸部按摩不像一般的那样烦琐，只集中在穴位上。

接着，她会仔细地为你洗头，一次又一次，你可以躺在椅子上，不必起身。她用一把仅为普通剃刀三分之一长度的利刃为你剃须，慢慢地剃，找到一根就剃掉一根，摸了一下，找到另一根，又剃掉了。经过脸部按摩后，你的须根会变得很软，剃须就像切豆腐一样，即使贴得很近也毫无痛楚。

她也会为你剪鼻毛，给你清理耳朵，这个过程尤其细致，最后用棉花棒蘸上药水进行消毒。

梳过头发，献上一瓶红牛，再给你一杯热的人参茶。

你起身穿回衣服时，她示意你坐在椅子上，为你把袜子穿上。

是付小费的时候了，建议你先把大部分的预算在小空间内给了她。出了门，付账时再把剩余的当着经理的面前给，这一来，就不必被店里取去一半了。

对于一个男子来说，这绝对是最高级的人体享受之一。到了首尔，千万别错过。

仙寿庵

和群马县结缘，要归功于当地观光局的高干田谷昌也。

此君四十几岁，五官端正，表情永远是那么羞涩，但做起事来不休不眠，亲自驾车载我和助手荻野美智子探遍群马的温泉乡，从被誉为最好的草津温泉到深山中的四万温泉，最后还一路将我们送到成田机场，一句怨言也没有。

我们已前后去过群马两次，看过三四十间旅馆，除了一家叫"旅笼"的古色古香，很有特色之外，没有一间满意的。

"去谷川旅馆吧，大文豪太宰治住过这家，在那里写了《魏而连的妻子》一书。"最后，田谷似乎束手无策，知道我也卖文，唯有用日本作家来引诱我。

"是写了《创生记》，不是《魏而连的妻子》。"我说，"当年太宰治患了肺结核，到过群马县的温泉疗养。"

谷川旅馆在深山之中，是家百年老店，还保持得非常干净，环境幽美得很，吃住也都不错，但就少了那么一点点，是什么我自己也说不出来，十分可惜。

老板大野看了看我的眼神，会意道："这样吧，你去我儿子开的那家，就在附近，包你有意外的惊喜。"

什么没看过？"意外的惊喜"这句话说起来容易，要给我这种感觉的究竟不易，问他："有多少间房？"

"十八间。"他回答。

十八间最多只能住三十六个人，我们的旅行团通常四十位，少几个也无所谓。

再问："多少个池子？"

"一个。"对方回答。

好的温泉旅馆多数有两三个温泉可以选择，但去了再说吧。

弯弯曲曲的山路，愈走愈幽静，忽然前面开朗起来，一块平地，能遥望山顶还积雪的谷川岳。这是一座精美的旅馆，门口挂着"仙寿庵"那块招牌。

日本人的大堂叫玄关，这里有一个玄关又有一个玄关。走进去发现这并不完全是传统的日式，还带有西方的抽象建筑，但很调和，并无一般新派酒店那么硬邦邦的感觉。一条长廊用巨大的玻璃包着，尽量利用日光，亦能在冬天保暖。

经过的大浴室，一点也不大，中型罢了，不过让人感觉很舒畅，同样尽量利用阳光。进入室中，看到那私人温泉，只比公众的小一点，后来才知不用去浸公众的。

"几间房设有这种私家池子？"我问笑盈盈的女服务员。

"每间都有。"她回答。

我问："通常拥有私家池子的，都是煮水，假温泉居多，这里的呢？"

女服务员说："地下有大量泉水，每一间都是温泉。"

放下行李，女服务员出去后我仔细看房间的一点一滴。柜中放了两套浴衣，一套传统的，另一套像工作服，有外衣和裤子，看质地和手工，知道不是批量生产的，而是用手缝的。枕头有多种选择，棉被亦是。窗口圆月形，框住雪山当画。

另一间房为茶室，角落有铁瓶煮水，壁上摆满名人做的瓷碗，让客人享受日本茶道。

偏厅有两张沙发，手把上放着柔软的被单，觉得有点冷时可以盖膝头。旁边的柜台上有一个望远镜，可以用来细看雪山。

在摆放的杂志中，有很多篇介绍这家旅馆的资料。桌上有一套玻璃茶具供客人饮用红茶，一边的柜子上有开水壶，还设有另一套日本茶具。

房内有漂亮的小灯笼，令晚上全室关灯时有一点光线。旁边是一个喷雾器，以防太过干燥。另有一个小碟，早上起身，可插上旅馆供应的一炷香。

房内的每一个柜子和抽屉都摆着一些小东西，如信纸、针线、保险箱之类，不像其他旅馆一打开来里面空溜溜。连半夜起身，肚子想有点温暖的食物也想到了，除了饭团之外，柜子上有一个电炉和一个蒸笼，可以把夜宵弄热了再吃。当然也设有巧克力、糖果和饼干之类的小吃。

最厉害的是私人浴室了，一共有两个，冬天怕冷可在室内的大桧木木桶中浸温泉，不然就去露天泡另一个温泉。咦，一看那池子，怎么没流水处？日本温泉一定要让水溢出，才不会积污，仔细一看，原来排水槽暗藏在池边，让涌下的泉水泄出。

晚餐食物应有尽有，多得吃不完是理所当然的，但重要的是做得精致，引诱你一道一道吃下去。食材是山中的溪鱼和野菜，另有从市场进货的海鲜和肉类。早饭同样丰富。饭后到广大的花园散步，欣赏桃花。负离子数值高得令人不能置信，打坐最佳。长居此地可多活几年，故名仙寿。

店主姓久保，跟母亲姓，爸爸是入赘的吧？年纪轻轻，三十多岁，问他为什么开这么一间旅馆，回答道："和上一辈的不同，才有意思。既然家里有钱，要做就做一间最好的。最好的和最便宜的，都有固定的客人，不必担心投资赚不回来。"

房租当然昂贵，但入住日本最好的游客，已不会问价钱。我们的团友，临走时都带着笑容，向我说："真是温泉旅馆中的一颗珠宝。"

从东京出发，有两个走法：一是乘车慢慢走，中间停休息站，要三个半小时左右；二是乘新干线，一个半小时抵达上毛高原站，再坐三十分钟车子到达。

明神馆

农历新年的旅行，我们当然寻求最高的享受。到了日本，我来到事前找到的两家最好的日本旅馆，它们都在深山之中，像两颗珠宝。

第一家是"仙寿庵"，前文已经介绍过，也带了摄影队去把它拍了下来，不赘述。

第二家就是本文要介绍的"明神馆"。

位置在长野县，因为没有新干线经过，从东京或名古屋出发，路途相当遥远，乘巴士要四个小时，搭急行火车，也得花上三个小时。旅馆的东面是轻井泽，西边为金泽，距离成田机场或中部机场各200千米。乘巴士1万日元，包辆七人车，得花52500日元，合4500港元，便能直达。若两个人去，打电话订房间兼安排交通，酒店会派车来机场接你。

经过美丽的松元城后，一直往深山走，海拔1000米的山路一片白茫茫积雪。忽然，太阳出来，照在树上，闪闪亮亮，枝头像挂满了钻石，原来是冰滴的反射。旅馆中的人出来相迎，说："你们运气真好，这种冰树现象，一年才只有几天。"

职员们穿着福尔摩斯常穿的长袍，而不是日本传统服装。

这家旅馆将西方文化和日本文化调和得很好，没有格格不入的感觉，外国客人一见即爱上，欧洲著名的罗莱夏朵（Relais & Châteaux）集团也拉它加盟。

入口处就有一个露天温泉，供客人男女混浴。如果女士觉得难为情，那么在晚饭那段时间男人是不准进入的。这一带的泉质优良，无硫黄味，清洁透明，洗后皮肤感到滑溜溜，值得一试。

大厅并非宏伟，分隔成数处，其中大的皮沙发让客人小憩。

可以去图书馆兼计算机室中查电邮，这是唯一与外界沟通的办法，手机收不到信号。

职员会送上饮品，也可到室内柜台喝热饮，喜欢的话还可以到图书馆外面去，那里有一个巨冰做的酒吧，来杯冰伏特加不错，觉得太烈，可喝梅酒。

整间旅馆有 45 间房，日式的有 27 间，西洋式的有 18 间，多数有私家浴池。若无，房间也宽大，可透过落地玻璃窗远望雪景，可去公众的大池泡浴。横开的大窗像阔银幕，池子无边，景色倒映，和大自然融为一体。另外有一个卧池，躺着浸；又有一个主池，站着浸，随你喜欢。

想做 SPA 的话，旅馆中有一个叫"NATURA"的香薰屋，日本水疗和按摩没泰国的那么服帖，但技师做事认真。

吃饭前，市场经理大信田早苗前来聊天，她说："这家旅馆在 1931 年创立，已有近百年的历史了，是前几年才拆除后重新建筑的。"

"日本经济不景气已有二十年了。你们还敢下那么大的成本来重建，勇气可嘉！"我戴的也不是高帽，我说的是事实。

"客人吃的蔬菜和水果都是我们自己有机种植的，剩了就当肥料。我们经营旅馆的精神是，一切要重返大地。天气愈冷，菜愈甜。"

果然，晚餐的蔬菜不只新鲜，似乎还能闻到一股清香，先上的是蒸松叶蟹和鲇鱼，前菜有带子、甜虾、牛舌、柿干夹芝士、海草、河豚和大粒的黑甜豆。

接着上了一个大陶钵，里面装着鱼丸和汤，用双手捧着喝，分量其实不多，但很气派，很过瘾。

刺身有冰乌贼和鱼子酱、鲷鱼、鲤鱼等海水鱼兼淡水鱼，煮物是鸭、萝卜、小芋和山葵。

用生牛肉做的寿司、金枪鱼和黑喉鱼，随着上。吃完以雪葩来洗洗口，吃法国原产的鹅肝、日本冬笋、豆芽、百合等。

热汤再次上，是野生的山瑞煮豆腐。

压轴的是烧烤最高级的和牛。

最后才吃茶渍，不喜欢的人可叫白饭。日本人吃菜时只顾喝酒，要单独欣赏米的香味，只许配泡菜，当然还有热腾腾的味噌汤。晚餐以山中采的水果结束。

早餐也丰富，我们的行程紧密，没时间给大家安排吃便宜的食物。我请旅馆单独为我们加煮了一大锅咖喱，他们也很愿意服务。

这么优美的旅馆只住一夜太可惜，下次来得享受两个晚上才行。大厨前来，答应我做两餐完全不同的菜。

有两天工夫的话，你就可以到附近走走，可乘气球俯瞰满山遍野的红花、吊桥流水，游一游松元城堡，在古街道散步。如果是冬天，你还能去看野猴闭着眼睛泡温泉呢。滑雪的话，也有场地。我就是不明白，为什么滑雪场的酒店设备都那么差？

海浪号火车

旅行，除了乘飞机、坐游轮，还有坐火车，但较少有人懂得如何享受火车旅行的浪漫。

对阿加莎·克里斯蒂（Agatha Christie）的书迷来说，她的侦探小说中那辆东方快车让人难以忘怀。

然而，火车始终只是从一个站到另一个站，不像邮轮可以停泊在小岛旁，上岛游玩一番，晚上在船上睡觉，翌日又到另一个旅游点观光。这是邮轮的长处。

融合了邮轮和火车旅行的概念，苏格兰有一条线路，可以游览威士忌酒厂，晚上睡在火车包厢中，第二天又到另一个酒厂去品酒。我去过，非常喜欢那里的经历。

在亚洲，有东方快车的版本，从新加坡出发，经过柔佛海峡到吉隆坡，再抵达槟城，然后前往泰国的曼谷。现在这条线路甚至延伸到了老挝，如果进一步连接中国云南，那肯定是一次不可错过的旅行。但遗憾的是，火车只是在各个城市停留，没有像邮轮那样带着乘客观光后再上船。

而更鲜为人知，也相当不错的是韩国的"海浪列车"，英文名叫"Rail Cruise Haerang"，我们从名字上就可以看出它融合了铁路（Rail）和航游（cruise）的元素。在这种旅行中，你可以在一个地方停留一段时间，睡在火车中，然后继续旅行。

我们这次乘的是"海浪号"的 Similrae 线，一夜两天行程，"Similrae"是韩语"永远的朋友"的意思。

从首尔的火车总站首尔站出发，踏上火车，首先看到的是豪华包厢，面积比亚洲东方快车的总统套房还要大，里面有一张双人床、一套观景的沙发，沙发不像日本列车那样需要折叠，一切都摆放得井井有条。浴室和洗手间也很宽敞，一节火车车厢只有三间包厢。

整辆火车有一节是餐车，有一节是观光客厅，公共区域宽敞，整辆列车只载 50 多位客人。车长宣布，韩国有 5000 万人口，但只有一百万分之一的人有幸享受这样的旅行。

列车缓缓前行，与如今的高速列车有着明显的不同。全部工作人员都出来迎接我们，他们在观光客厅里做自我介绍，都是英俊潇洒的男孩和漂亮的少女，身兼多职，既是侍者，又是魔术师。他们登台表演，手法不输专业魔术师，少女们为我们铺床单，还担任导游工作，有空就载歌载舞，非常热情。

到了午饭时间，我们享用丰盛的盒饭，菜式多样，饭是热的，当然少不了各种泡菜，还有一碗热汤。啤酒供应不限量，一些酒徒早已微醉。火车到达一个叫顺天湾的车站，客人上了巴士前往参观。车长也在，她不就是刚才弹古筝的那位女子吗？她解释说顺天湾是世界五大湿地之一，是韩国最大的自然生态公园，拥有芦苇群约 200 万平方千米，是两条大川和海湾的交汇地，是白头鹤等 200 多种鸟类的栖息地。

她说完韩语后，见我们是中国人，还用汉语解释一遍。我好奇地问她怎么会说中国话，她娇声说："不会说中国话就不能做导游工作呀。"

到达湿地后，看到了一望无际的芦苇。要是秋天的话，开起白花，这可真是世界上难找的美景。如果张艺谋看到了，一定来这里多拍几部武侠片。

我们在芦苇丛中散步，植物比人还要高，从高处俯瞰，人们的黑发在芦苇丛中像火柴头一样乱窜。另一处景点是一片泥泞地，黑漆漆的，细腻如丝似锦，长出无数的蛳蚶，肥大甜美，烫熟后拿来送酒，一流。那里喝到的马格利，也是我在韩国喝过最好的，各位有机会试试，相信也会觉得物有所值。

参观完后又到宝城绿茶园，韩国喝绿茶的历史并不悠久。新辟的茶园是根据山形种植的，很艺术化地设计成一个巨型图案，又有高入云端的笔直巨杉点缀，茶可醉人，景亦醉人。

又开始想喝酒了，车子载我们到一个乡下餐厅。火车职员充当招待，又劝酒又唱歌，大家大吃大喝，当然有大量的蛳蚶和其他各种山珍海味。这一顿饭，名副其实的不醉不归。

回到火车后，你可以晃晃悠悠地入眠。睡眠质量较差的乘客，也不用担心，因为火车在抵达目的地首尔前会停下，你可以一觉睡到天明。

我认为光州是韩国美食的最佳地点。刚起床，火车就供应白焓汤饭，早上6点30分出发带大家前往锦湖水疗村，那里有213间按摩房，泡完温泉后可以休息，接着前往一个美得足以让李安拍一部武侠片的竹林。午餐吃竹笋餐，下午3点返回火车。

当然，你也可以像我们一样自行安排行程，前往一个名叫"灵光"的地方。那里是佛教在北济时期首次登陆的地方，有座宏伟的寺庙，寺庙下面则是黄鱼收获最多的渔港。中国内地的黄鱼快被吃光了，但这里还有大量的野生黄鱼，虽然售价不便宜，但相对内地来说还是合理的，你可以大吃一顿，品尝各种蒸、煮、烤的黄鱼美食，绝对能让你欲罢不能。

火车折回首尔，晚上抵达。

另一条线路是从首尔前往釜山的，拥有不同的旅游点。

对于热爱浪漫的火车旅行的朋友们，不妨上网了解一下更多信息。

飞苑

世界上的精品餐厅屈指可数，而日本神户的"飞苑"就是其中之一。

这家餐厅由一个名叫蕨野的人担任老板，总共有两家分店。开在稍偏僻处的那家店，由他的太太经营，专门供应烧烤神户牛肉，生意兴隆，前不久还扩大了规模。

蕨野自己管理位于神户最繁华的三之宫区的另一家店，这家店面相当小，柜台只能容纳几个人，其他的座位则分布在二十多个小包间里。

"座位要是再多，我就招呼不过来了，也无法保持高品质的水平。"蕨野说道。

距我第一次来这里已经八年了，我当时坐在柜台，蕨野亲自招待。他从一根最高的芦苇中撕下一片叶子，铺在陶瓷备前烧盘上。盘子很大，如果每人一个的话，柜台根本容不下八个人，只够招待六七位的客人。

接着，他将新鲜的莲茎斜切成片，摆放在芦苇叶上，作为底垫，也可以食用。

首先是牛舌刺身。牛舌在冰箱里经过十八天的干制，释放出的酵素使得肉质更加柔嫩。牛舌被切成薄片。

"牛舌也可以生吃吗？它是神户牛吗？"我问道。

"嗯，"蕨野回答说，"不过并不是神户牛。神户是个大都市，不养牛。每年有一次牛肉比赛，来自周边农村的人来参赛，看谁获胜。获胜最多的地方是三田，所以我们不称之为神户牛，而是三田牛。虽然三田牛的肉最好，但牛舌，澳大利亚的反而更加美味。这是澳大利亚产的牛舌。"

牛舌刺身应该如何食用呢？蕨野从身后的冰箱（名副其实的冰箱，木箱子内放冰块的老式厨具，不是电冰箱）取出一罐一千克的正宗伊朗鱼子酱，他毫不吝啬地舀了一勺，用牛舌包裹起来，放到我面前。鱼子酱带有咸味，所以牛舌刺身不需要任何其他调料，直接送入口中。一口咀嚼下去，美味无比。

接下来是烤牛肉，采用了最珍贵的三田牛。蕨野将厚厚的牛肉用备长炭烤制而成，切成小块上菜。可搭配红餐酒或者日本清酒，蕨野说好的清酒应该冰镇饮用。他从柜台取出一瓶私人酒庄的限量版清酒，清甜无比。

然后是海鲜刺身。他热爱旅行，到日本各地寻找最上乘的海鲜，那天晚上吃到的是正宗的日本金枪鱼（日语中称其为"Maguro"），比其他国家进口的金枪鱼肚腩更美味。鲍鱼刺身一点也不硬，伊势湾的龙虾也鲜甜异常。

最后是主角三田牛。蕨野说："这是得奖的牛肉。"

厚实的牛肉通常得经过备长炭的烤制，旁边的一位客人问道："可以生吃吗？"

蕨野即刻用刀切下一个四方块给他，我也要了一块，口感及香味都不逊于金枪鱼的肚腩。

我从来没有吃过这么柔软甘香的烤牛肉，牛肉是蕨野在三田自己的农场拿来的。

"据说你们的牛要喝啤酒、按摩、听音乐，是不是真的？"

"真的。电视台来拍摄时就是真的。不来的时候有啤酒，我自己喝。"这句话，出自蕨野。

"那怎能辨别哪个是最优质的？"

"看牛的祖宗三代。"他太太经营那家的店外面，贴着政府的证明书，还印着牛鼻子，像人的指纹，牛鼻子个个不同。

好酒易下喉，不知不觉已醉，蕨野手抓数把小蛤蜊，也不加水，就那么去煮，流出来的汁，最能解酒。

买单，付了2万日元，合1400港元，包括酒钱。

"好东西卖得太贵的话，客人就不回头了。"他说。

"有得赚吗?"我心里盘算着他的食材成本。

"冬天收支平衡，夏天有点盈利。不要紧，反正我老婆那间烤肉店有收入，我当成玩的好了。"

玩，是蕨野的事业。他拥有几架最新型的法拉利跑车，到拍卖行入红酒，也舍得花。神户大地震时毁掉几百瓶，眉头也不皱一下。

瘦小的蕨野已经 50 多岁，但看起来比实际年龄小 10 岁，他常带我去日本各美食区及温泉地带。我带到法国和意大利的旅行团，蕨野有时也来参加，我们成了好友。

许多归化日籍，用了日本姓氏的韩国人，从来不提祖宗来自何处，蕨野没有这种自卑感，当自己是地球人。他旅行到澳大利亚，曾留下来教当地人养牛，差点又娶了农场主人女儿。

和蕨野一起去他太太那间店，看到在门口生了一个大火炉，烧红着大量的备长炭。他为了购买最好的炭，亲自到炭窑工作，连眉毛也烧光了。

"备长炭火力最猛，也保持得最稳定，不易熄，也不爆裂。我如果用普通炭，一年可以省下 100 万港元，但是做餐厅生意，这儿省，那儿省，什么也省不出来。"他说。

对于吃的，我们先来一碗牛肉汤，里面的蔬菜都是他自己种的，白饭也是。禾苗种得疏，害虫被风吹了掉在水中，因而禾苗不受感染，所以米粒可以炊出香喷喷的饭来。牛肉300克，乍看之下不多，但是很少看到团友吃得完。一大片肉切成数条长条，在炉上自己烤，蕨野说凡是别人烤的，一定不合己意，这种吃法最佳。

蕨野一到香港，我就带他去九龙城的新三阳买火腿，到金城去买鱼翅，他也能做一手好中国菜："没有好材料是不行的，一个料理人要懂得尽量少显手艺，把食材用最简单的方法煮给客人，这才是最基本的道理。"

大盈

"大盈"是我在世界上吃过的顶级海鲜餐厅之一。

尽管不是所有好餐厅都一定昂贵，但大盈的鱼虾价格便宜得令人发笑。原因是这家餐厅位于遥远偏僻的济州岛，这里是韩国的海鲜产地。

由于韩国政府不允许人们在济州岛发展重工业，环境得到了很好的保护，海水没有受到污染，鱼类资源得到了有效控制，所以这里是韩国价格最合理的海鲜供应地。

韩国曾经受到日本的统治长达数十年，因人民发奋图强，如今在电器、汽车等多个工业领域已经与日本并驾齐驱。有段时间，韩国的足球水平也超过了日本，这让一度自卑的韩国人恢复了自信。在娱乐产业方面，韩流引领的明星们迷倒了无数日本男女，可以说韩国人已经扬眉吐气。

尽管一切事物都在尽量摆脱日本的影响，但当谈到吃海鲜时，韩国人还是挂着"日式"的招牌。

大盈也属于日式餐厅，所谓的日式只保留了鱼类的切法，其他方面则有韩国人自己的独特风格。

我第一次去吃的时候，在探路时看到桌上摆放了金渍等韩国泡菜和小食。坐下后，店里先是奉上一碗用各种海鲜熬制的粥，韩国人非常重视这个仪式。在喝酒之前，用粥来暖胃，据说能保护胃壁，免酒伤之。

第一道菜是鱼生，保留了日式的传统，一片片地上桌。使用的是黑鲷，我们称之为鱲鱼，它属于深海鱼类。与日本的做法不同的是，除了放点酱油和芥末外，还佐以纯正的麻油和浓郁的辣椒酱。

潮州人吃鱼生也放点麻油，配合得极佳，我是吃得惯的。鱼生进口细嚼。咦，怎么那么甜美！那么柔软！一般的鱼，如果是浅水区的，肯定不敢生吃，而深水区的鱼肉通常较为坚硬。我好奇地跑去问大盈的老板韩长铉。

"哦，那是用鱼枪打的。"

"又有什么不同？"

"钓的和用网抓到的鱼，经一番挣扎，肌肉僵硬。用鱼枪一射，穿过脊椎，鱼即死，肉就和游泳时一样放松。而且，这种方式是最为人道的杀法。"韩老板解释道。

接着上桌的是摆在长碟之上的两小堆肉。一试之下，一堆肥美，一堆爽脆。

"那是鱼的裙边肉，用匙羹刮出来的，日本人嫌难看，不肯用这种吃法。另一种则是鱼肠，日本人害怕不干净所以不敢吃，但是，在济州岛的海鱼中，除了胆，其他部位都好吃。"

随后上来的是三种烤鱼，分别是鲭鱼、牙带和黄花。

鲭鱼多油，异常肥美。济州产牙带著名，本来可以生吃，但略略一烤，半生半熟的，有种另类的甜味。那尾黄花是野生的，如今在内地被吃到绝种。很久没吃到野生黄花了，它有着独特的香味和甜味，这在其他鱼身上无法品尝到。

上桌的还有三只大鲍鱼，分别是刺身、蒸和烤。看到生吃的鲍鱼，友人即皱眉头，因为他们印象中鲍鱼肉很硬。一试之下，才发现只要轻轻细嚼，甜汁即渗了出来，尤其是鲍鱼的肠和肝，虽略带苦味，但也甘香，非常诱人。

蒸和烤制的鲍鱼同样鲜嫩可口，搭配不同的酱汁，味道更加丰富多样。

接着上来一个大碟，盛着的竟然是一撮撮的菌菇类，用炭火略微烤至半熟。

"这些都是我们店里的人在山上采集的。海鲜吃多了，味就寡，一定得用蔬菜来调和。日本人不懂得这个道理，寿司店里从头到尾都是生食。"韩老板说道。

菌菇非常甜美，其中包括松茸——济州岛盛产，虽然味道不如日本的松茸浓郁，但以量取胜，绝对不含糊。一大堆松茸，怎么吃也吃不完。

接着又上刺身，这次换了海参，海参生吃很有嚼劲，需要有一定的牙力。海肠就很脆，中国南部沿海，也有这种海产，叫沙虫，但较细小。韩国产的有黄瓜般粗，像一条大蚯蚓。友人初次看到，觉得恐怖极了，吃完之后才大赞鲜甜。

接着上来的是一只只生蚝，肉从坚硬如岩石的壳中取出，养殖的壳比较薄，这一看就知道是天然的。洋人吃生蚝通常多滴些塔巴斯哥辣酱（Tabasco），而韩国人喜欢搭配几片大蒜，再用辣泡菜金渍包裹，辣泡菜带有酸味，无须挤柠檬汁，这与洋人的吃法异曲同工。

刺身都是冷吃的，这时应该有一道热汤上桌。果不其然，出现了一道叫作"MEI SING GEE"的海藻汤。这是韩国独有的一种海草，细如头发，呈鲜绿色。汤汁是用小蚝和细蚬熬制而成的，非常鲜美。海藻非常珍贵，韩国的年轻人可能都没有品尝过。

喝酒一直不断，日本人吃鱼生通常只喝清酒一味，韩国的海鲜餐也可以搭配日本清酒，他们称之为"正宗"，因为早年进口的酒都是"菊正宗"牌。喝完之后又改喝马格利，它带甜味，很易下喉。

我注意到邻桌正在享用一种叫作海蛸的刺身。海蛸有着硬壳，像一枚手榴弹，在韩国产量最多，时常看到路边小贩叫卖。剥开了壳，露出粉红色的肉，带有浓郁的味道，一闻之下多数人都不敢吃，但尝了喜欢的话，即上瘾。

我叫韩老板去厨房把海蛸壳拿来。

"干吗？"他问道。

"拿来就知。"

我把清酒倒入壳中，叫韩老板试试，他喝了一口，问道："怎么那么甘？这是中国人的喝法？"

"不，是日本朋友教的。"我说。

韩老板叹了一口气："有时，还是要向他们学习，下次有客人来，我就用这个方法招待。"

"凡是好的菜肴，可以互相借鉴，不应该分国籍。将不好吃的淘汰掉，这才叫作饮食文化。"我说道。

"你讲得有道理，你是我的阿哥（兄弟）。"韩老板拥抱着我，叫侍者拍下一张照片，至今还挂在墙壁上，你去的时候可以看到。

清迈之旅

从前，中国香港到泰国清迈有直航，但由于客流减少，直航取消了。如今，要去清迈，得花上大半天时间在曼谷等待转机，有些麻烦。

但是，如果没有去过的话，它绝对是一个非常值得一游的地方。清迈的食物与曼谷及布吉不太相同，这里不靠海，主要吃山珍和河里的美味。受缅甸、老挝和中国苗族的影响较深，最大的美味是炸猪皮和糯米饭。别小看这两种食物，制作得好，胜过鲍参翅肚。

清迈的发展还未完全成熟，也有可能受到政府限制，导致地皮便宜，让人有挥霍的空间。例如，我们住的四季酒店，就是围绕着一大片耕田而建的，每间房都是一整间独立的屋子，设有广阔的阳台、客厅、厨房、浴室、主人房、孩子房等，还有用人房。这是一家可以住上一年半载的别墅。

四季酒店有许多活动，包括游泳、水疗、瑜伽、网球、学泰语、种田实习、与水牛嬉耍、观鸟等等。餐厅也很有特色，平日还有烹调课，甚至可以把整桌菜搬到你的别墅中享用。想更浪漫的话，你还可以在田边享受烛光晚餐。

如果你真的想长期在这里住下去的话，可以买一套别墅，广告上说有最后一套出售，有3000多英尺（约915米），要

180 万美元。这个价格在那种偏僻的地方当然不算便宜，但是你不在的时候，酒店可以代为管理和出租，任何时候你想回来一定有得住。我好几年前去也是看到有最后一套的广告，反正地那么大，卖光了随时可以多盖一套。

离开四季酒店到市中心需 40 分钟车程。如果觉得太远，你可以选择入住文华东方，只需 15 分钟车程，结构和四季酒店类似，套房也是独立建筑。而文华东方的服务以周到闻名，永远不会让你失望。

俭省一点，在市内还有许多其他酒店供选择，一定能找到符合预算的。如果你是邓丽君的粉丝，还可以入住她过世前住过的酒店。

要我选最好的餐厅的话，毫无疑问我会推荐大家去 "Baan Suan"。这家餐厅建在河流旁，长桌是由一大根老树树干削出来的。这里全是乡下风味，气氛纯朴而高傲，食物同样美味。如果你去吃晚餐，我建议你早点去，享受日落时分，在泰国产的 "湄公牌" 威士忌中品尝泥椰青水，我的方法是用椰青水调成鸡尾酒，好喝到让你停不下来。

如果你更愿意在市区用餐，去 "Suan Paak" 吧。点一份 YAM-MA-KHOEU-YAO 作为头盘，它是茄子烧熟，剥皮，舂成蓉，加辣，再加猪肉碎、辣椒、虾米、蛋、红葱、青柠和炸猪皮的一道菜。如果够胆量，试试他们的炸猪皮，一定会让你上瘾。

　　糯米饭是用一个竹箩盛着上桌的，当地人用手捏成一团送入口中。如果你学会了，一定会讨得当地人欢心，很容易和清迈少女交朋友，她们在泰国是出了名的漂亮。

　　清迈少女不仅美丽，而且有家教。如果你与她交谈，她不回应的话，可能是她没有礼貌。

　　喝汤时，你会发现冬阴功在这里并不流行，他们更多的是喝清汤，受到中国的影响，汤中通常有猪肉碎、冬菇等。最受欢迎的是苦瓜汤 TUN-MA-RA-YAT-SAI。

　　然后是炒菜，有辣的，也有不辣的，任君选择。MU-NOEU-NAM-TOK 是将烤牛或猪肉切片，混入辣椒、薄荷叶和各种香料，很刺激。另一道独特的菜是笋，叫 SUP-NO-MAI，又炒又腌，做法多样。

　　最值得一提的是泰国欧姆蛋（Omelette），用碎肉炒了再包蛋，要是用猪皮当馅的，叫"KHAI-CHIO-SONG-KHROEUNG"。

　　如果不想吃大餐，到市中心最大的菜市场去吧。外围卖的全是鲜花，走进中央才看到食物，做得非常精致。有一种特别的菜是将蛋壳敲一个小洞，把蛋浆倒出来，混上虾米和肉碎再酿回去，蒸熟后卖，三个才 10 港元。

　　泰国的蜂蛹种类多样，有的是吃刺身，有的则要烤熟了吃。蜜蜂、黄蜂和巨蜂的蜂蛹都有，有手指般大，不知长出刺来没有。通常我什么都试，这次免了，被大蜂婴儿刺穿喉咙绝非娱乐之事。

如果晚上睡不着，夜市是一个不错的选择。夜市由好几条街组成，仿佛走不完，尤其是卖的东西都很相似。

如果仍然无法入眠，不妨去做泰式按摩。泰式古法按摩随处可见，绝非色情服务，是古老而正经的按摩方式，不会吓到清教徒游客。市内的按摩院水平普遍较高，一小时只需 200 泰铢，约等于 50 港元。古法按摩的时候，先给服务员 200 泰铢，服务包你叫好。小费，还是先给为妙，这是倪匡兄教的。

清迈泼水节是一个绝佳的造访时间。在泼水节期间，所有人聚集在市中心的河边，互相戏水，你会玩得疯狂。这场景绝对不亚于巴西的狂欢节，是人生中不可错过的经历。而不论何时造访，你都能呼吸到新鲜的空气，因为政府不允许发展重工业，所以到处都看不到工厂或烟囱。清迈，永远是蓝天白云。

勃艮第之旅

喝烈酒的人，到了最后，通常喝单麦芽威士忌（Single Malt Whisky），天下酒鬼都一样。

而喝红白餐酒，到了最后，一定以法国的勃艮第（Burgundy）为首，天下老饕都一样。

年轻时，什么餐酒都喝进肚；人生到了某个阶段，就要有选择。而有条件选择的人，再也不会把喝酒的配额浪费在法国以外的酒了。

当然，我们知道，美国那帕区产的酒也有好的，还有几支卖成天价呢，但数量还是少得可怜。澳大利亚也有突出的，像奔富（Penfold）的葛兰许（Grange）和翰斯科酒庄（Henschke）的特级酒，意大利和西班牙各有极少的佳酿。与这些酒一比，智利的、新西兰的、南非的，都喝不下去了。

到了法国，就知道那是一个最接近天堂的国家，再也没有一个地方有那么蔚蓝的天空，山清水秀，农产品丰富。酿酒，更是老大哥了。

在诸多的产区之中，只有波尔多（Bordeaux）和勃艮第可以匹敌。巴黎在法国北部，我们这次乘午夜机，经时差，抵达时是当地时间清晨 7 点，交通不阻塞，坐车子南下，只要 4 个小时就能到勃艮第。

主要都市叫波恩（Beaune），我们当它是根据地，到勃艮第四周的酒庄去试酒。对食物，我还有一点点的认识，但说到餐酒，我还真是一个门外汉。鉴于此，我请了一个叫史蒂芬·士标罗（Steven Spurrier）的英国绅士做我们的向导。士标罗是最先创造教人家喝酒的专家，在国际上颇享盛誉。年纪应该七十多了，但一点也不觉老，只是不苟言笑，像个大学教授，说起话来口吃的毛病很重，由庄严的形象变成滑稽，较为亲民。

许多酒庄主人是士标罗的朋友，他带我们喝的都是当地最好的酒，我们也不惜工本支持他，由年份较短的喝起，渐入佳境。吃的也是米其林的星级餐厅，米其林海外版信用不高，但在法国，是靠得住的。

勃艮第酒和波尔多酒的最大区别是，前者只用两种葡萄，白酒用的是霞多丽（Chardonnay），而红酒用黑皮诺（Pinot Noir），后者则是以多种不同的葡萄品种酿成独特的味道。他们的解释是：一种葡萄当面包，作为打底，其他种类当成菜肴，加起来才是一顿佳宴。

勃艮第产区和波尔多产区一比是大巫见小巫。勃艮第酒夹在夏布利（Chablis）葡萄酒和薄若莱（Beaujolais）葡萄酒之间，夏布利的白酒还喝得过去，薄若莱每年 11 月的第三个星期生产的新布血丽红酒，不被法国人看重，有些人还将其当成骗外国酒客用的呢。

这回我们刚好碰上新布血丽出炉。有些没运到香港的牌子，还真喝得下口。

一般人认为勃艮第的白酒最好喝，但是它的红酒才最珍贵，像罗曼尼·康帝（Romanee-Conti），不但是天价，而且不一支一支地卖，要配搭其他次等的酒才能出售。

为什么那么贵？罗曼尼·康帝区一年只出 7500 箱酒，天下酒客都来抢，怎能不贵？

勃艮第的法律也很严格，多大面积的土地种多少棵葡萄，都有规定。这个地方的石灰石土地和阳光，使得种出来的葡萄是独一无二的。虽说只用一种葡萄酿制，但下多少的酵母，每年气候如何，都导致了不同的质量。一个酒庄酿出来的酒没有一种强烈的个性，不像波尔多的名酒庄，一喝就很容易喝得出来。

专家们都说罗曼尼·康帝的一九九〇、一九九六和一九九九都是过誉了，不值那个钱，其他名厂的酿酒法日渐进步，不逊罗曼尼·康帝的了。

但专家说是专家的事，众人一看到这家的牌子就说好，到底懂得酒的价钱的人居多，而知道酒的价值的人还是少之又少。

白酒之中，要是蒙哈榭（Le Montraachet）称第二，没人敢称第一了。这家酒庄面积只有 8 公顷（8 万平方米）。波尔多人一定取笑，说这么小的地方酿那么少的酒，赚什么钱呢？但酒越少，就有越多人追求，我们在那个地区试的白酒，像巴塔 – 蒙哈榭（Batard-Montraachet）和骑士 – 蒙哈榭（Chevalier-Montraachet）都很不错，价钱也便宜许多。

霞多丽葡萄种酿的白酒，也不一定酸性很重，勃艮第的 Theuenet 酒厂就依照苏特恩白葡萄酒（Sauternes）的做法，把熟得发霉的葡萄干酿成甜酒，这种甜酒也并不逊色，因为不被注意，价钱也被低估了。

走遍了法国的酿酒区后，我发现一个事实，那就是红白餐酒是一种生活习惯：吃西餐的大块肉，需用红酒的酸性来消化；吃不是很新鲜的鱼，需用白酒的香味来掩遮。从小培养出来的舌头感觉，并非每一个东方人都能领会。

而且，要知道什么是最好的，需要不断地比较。当餐酒被指为天价时，只有少数付得起酒钱的人能够喝出高低。餐酒的学问要用尽一生，你才有真正辨别出好坏的能力。

一知半解的，学别人说可以喝出香草味呀，巧克力味呀，核桃味呀，那又如何？为什么不干脆去吃巧克力和核桃？有的专家还说有臭袜味，简直是倒胃口。

餐酒的好坏，在于个人的喜恶，别跟着人家的屁股。喝到喜欢的，记住牌子，趁年轻，有能力的话多藏几箱。

也不是年份愈久愈好，勃艮第的红酒虽说三十年后喝会更好，但白酒在五年后喝状态已佳，红酒等个十年也已不错。应该说，买个几箱，三五年后开一两支，尝到每个阶段的滋味，好过二三十年后开，发现酒已变坏。这话最为中肯了。

泰姬陵之旅（上）

久违了，印度。

德里机场从前常停，到欧洲的航班多经这里，如今直飞，已久不造访。办入境手续时，看到残旧的关闸顶上穿了几个四方形的大洞，录像机也被拆掉，剩下电线，问海关人员："咦，是不是要换新机场？"

对方懒洋洋地回答："等到 2017 年吧。"

印度作为世界人口大国，德里又是首都，德里机场这个门面，的确不能给外国客人留下什么好印象。

从香港到德里，国泰航空的飞机在深夜起飞，六个小时后就到达，本来可以像去墨尔本一样，晚上走，早上到，睡一夜多舒服！但是西飞不同，有两个半小时的时差，抵达时已是凌晨 4 点，路灯又不够亮，黑漆漆的，一路看不到什么东西，也许是眼皮盖着的缘故吧。

德里的五星级酒店真不少，像喜来登、香格里拉等等，但是说到豪华舒适，还是比不过印度富豪开的欧贝罗伊（The Oberoi）酒店，虽然是在半夜三更，但差不多所有酒店职员会出来欢迎我们的旅行团，浩浩荡荡。先喝杯鸡尾酒，再睡觉。

早餐安排在特别为我们开在楼顶上的中国餐厅，从 9 点 30 分开始，酒店经理说可以让我们多睡一会。我已适应当地时间，闭一会儿眼，6 点起身。

自己不睡，也要给别人睡。团体准备在中午 12 点出发去吃午餐，早饭又要等到 9 点 30 分。既来之则安之，走出酒店散步。左边是一个高尔夫球场；右边有一座很大的古坟，据说是泰姬陵的前身，看了才想到泰姬陵是照它的样子建的。

我们这一行的目的也只是看泰姬陵，在最新选出的世界七大奇迹中，它没像吴哥窟一样被踢出局。但是，印度这个国家的声誉并非很好，团友们认为只有跟我来才安全，我也不能辜负众望，对大家说："总之住得最好，饭在酒店中吃，速战速决，四夜五天，看完就走，好不好？大家赞成。"

旅行团就这么组织起来了，但最要命的是拿不到商务舱座位，等了好久，才办出一个 30 多人的团。如今印度的高科技企业发达，行政人员都抢着坐商务舱，商务舱轮不到团体的游客。

我们的早餐很丰富，中午那顿更是不得了。先来三四道，大家已吃得大叫饱肚时，侍者说："这是前菜！"

主菜跟着出，看餐牌，有十多道，正在吃惊，原来每一道只是小小的几口。后来那几顿都是以相同的方式出菜，花样虽多但量少。不过，只要你吃得喜欢，吃得高兴，你选中的菜就可以任意添加，添到你喊停为止。

主菜通常是用一个银制的大碟盛着，摆在你眼前，碟的前端有五六个银盘，侍者把各种菜一一添加，在银盘的空位中放着一块块的三角印度饼。

饼吃过，就放饭了。印度餐不太吃白饭，多数是把饭炒了，再放进一个小盅中焗出来，有海鲜饭、鸡肉饭和羊肉饭。牛肉和猪肉，在印度餐中不出现。

前菜包括了汤，多数是用豆熬出来的浓汤，青菜清汤也喝过，还是前者味道好。再有茅屋奶酪（Cottage Cheese），这种未经发酵的水牛奶酪，在意大利菜中最常用，印度人也喜欢，但它本身无味，要用咖喱等酱料来烹调。

主菜也有挂炉餐的变化，鸡、羊、鱼、虾都摆进火炉中烤。鸡肉烤得外表微焦，但肉里还是充满甜汁。因为德里不靠海，鱼虾只是点缀，并不精彩，更没有在新加坡和马来西亚吃到的咖喱鱼头了。

有一道羊肉，剁了又剁，剁到已经不是肉末，而是变成肉酱为止，再用香料煎炒出来，我认为好吃，但大家都说太咸。咸，是一般穷困国家料理的通病，可以多下饭嘛。

大家一致赞美的焗饭，是用一个银钵——茶盅般大——盛着，把生米和生肉放在里面，加上汤。钵口用一片生面封起来，再盖上银盖，整个银钵在火炉上焗完后上桌。

打开银盖，掀起那片已经焗成面包的皮，就露出里面的饭。饭是用印度野米炊出来的，野米细长，比我们吃的丝苗长三倍，吸钵肉汁。那块肉也被焗得又柔软又香甜。单单这盅饭，已能当一餐了。

前菜、主菜上过，就是甜品了，一共有三四道。通常有炸过的米糕，浸在蜜糖之中，或者是一条条的米线，煮蜜糖和冰激凌等，都是名副其实的甜品。不甜不必给钱，总之甜死你为止。

至于饮品，未来印度之前听到的传说是一碰到当地的水即刻拉肚子，所以有些客人也自己带了屈臣氏蒸馏水来喝。其实，酒店有大把矿泉水供应，一点问题也没有。我们这些喝酒的也不愁，当地产的翠鸟（Kingfisher）啤酒很好喝，酒精又能杀菌，比喝水安全得多。

整个德里的交通都很混乱，从一个地方到另一个地方，几里路罢了，也要花上半小时。路旁的住宅，有豪华的，也有临时搭的木屋，印度是一个贫富差距很大的国家。人口多，是把生活水平拉低的致命伤。

在市内的各个名胜走马观花，大家也没什么兴趣，都期待着第二天一早要去的泰姬陵。

泰姬陵之旅（中）

从新德里到泰姬陵要多少个小时的车程？

你这么问印度人的话，他们一定会回答："最多四个小时。"

胡说八道，最快也得五个小时，有时六个小时。这段路要穿镇过市，每一个市都有关卡收过路费，排起长龙来可不得了。好在我们用的旅行社是当地最高级的，派了一辆车当先头部队，先排好队付钱，我们一团人的巴士走在后面，顺利过关。

"到泰姬陵有飞机吗？"团友问。

我们的翻译叫 Dr. Yukteshwar Kumar，为自己取的中国名是金炼烁博士，他是印度德里大学东亚研究系的副教授，普通话讲得还可以。他说："没有。"

"火车呢？"

"没有。"

"明明知道泰姬陵可以赚大钱，为什么不建一条高速公路？两个地方距离才 300 多千米，两个钟头一定能到。"

"有这个计划，但经过政府一批，胎死腹中。"金博士还是要保持一个博士样，说话比较正经。但是我们的导游就不同了，他没给过我名片，名字很长，说了也忘记，因为他常摇头，我们为他取个花名叫摇头先生。

摇头先生有一种很强的"Dry sense of humor"，只能翻译为"苦涩的幽默感"，笑话阴沉，也不一定好笑。他说："单单是新德里一个地方，不算小职员，已有 50 万个高官。我们印度将英国的官僚制度变得更完美了。"

一路上，我们随处可见小摩托车改装的的士，黄顶绿身，摇头先生说："我们叫它骨头搅拌器。"

路途遥远，前一晚又睡得不够，正想瞌睡，司机的喇叭按个不停，又尖又响。摇头先生又说："当巴士司机很威风的，不按喇叭怎么引人注意？"

的确威风，他的旁边还坐了一个巴士小子，好像一生就是为了司机而活，他注意着司机的一举一动，学习所有驾驶的技术。巴士转弯够不够位？他即刻冒着被其他车撞死的危险，跳下来指挥。司机一流汗，马上为他献上冷冻毛巾。这小子能那么无微不至，完全是为了要承继司机这个职位。在人口十几亿的世界人口大国中，要找到一份工作，并不容易，巴士司机也是那么争取来的吧？

一匹马，拉着一辆车经过，摇头先生说："一匹马力的的士。"

好歹走了两个多小时，到了休息站。所谓的休息站，和日本的相差甚远，卖来卖去还是那几种手信：花花绿绿的围巾、镶大理石的茶杯座、粗糙的银器等等。

餐厅中准备了三明治和蛋糕给团友，但大家都不太敢去碰，只是喝杯茶或咖啡。翻译和导游摇头先生躲在一角吃他们的印度早餐：烧饼蘸咖喱汁。我看了也要一份，用手抓来吃。

摇头先生看了，带点哲学家口吻说："拉肚子的特权，只是胆小的人拥有。你不会有问题的。"

走出来，有人骑着大象，有人弄蛇，都客气地请旅客拍照，大家一举相机，就追过来讨 5 美元，不给的话，就不客气了。

摇头先生更是摇头不止："这不是休息站，这是黑店，英国人讲的高速道路强盗（highway robbery）。最讽刺的是，这条路根本就不是高速。"

终于，进入了阿格拉，泰姬陵所在地，我们也不先去酒店办理入住，直接到莫卧儿酒店（The Mughal Hotel）里面的挂炉专门店 Peshawari 吃午餐。挂炉餐最妥当，什么肉都在炉中烤一番，任你选择自己喜欢的，要吃多少添多少。

这家酒店美轮美奂，但是比起我们入住的阿玛维拉斯（Amarvilas Hotel），就是小巫见大巫了。阿玛维拉斯的建筑把古典和新派流线型糅合得极佳，处处看得到水池，每一个角落都成为一幅沙龙相，每一间房都面对着白色的泰姬陵。

不能再等待了，即刻想要走近看。泰姬陵和我从前来时一样，只是加强了安保。从酒店到泰姬陵门口只有几步路，但不能乘巴士，要坐电动车。以为就那么走进去，但是如今有严密的关卡检查，不能带食物，也会没收你的香烟和打火机，据说曾经有恐怖分子宣称要炸毁这个名胜。

大家的心情都兴奋得不得了，走进一条幽暗的长廊，忽然，那座白色的建筑就呈现在我们眼前，而且不止一座——池子里倒映了另一座。

众人在远处拍照时，我走近这一座迷人的建筑，在白色云石铺就的庭院中躺下，身体感到一阵凉意，抬头望着那迷人的洋葱形的塔顶。名胜，要那么触摸，才有感觉。

斜阳把白色变为金黄，这是看泰姬陵最美好的时刻，其他美好的时刻还有黎明和月圆的晚上。泰姬陵是陵墓，并不吉利，据说在月圆夜和情人一起看，会分散的。如今政府已禁止旅客夜游，连一个美好的别离借口也没有了。

镶在陵上的宝石已被英国军人偷去，但英国军人抢劫不了泰姬陵的光辉，我们来了，可以想象到昔日的全盛时期。

如果说宏伟或巨大，吴哥窟可能胜之，但是说到纤细、精致和美丽，世界上再也没有一座建筑比得上泰姬陵。泰姬陵的确是一生之中必游的，旅途上的辛劳也会扫之一空。

泰姬陵之旅（下）

回到酒店，已入夜。印度政府说资源不足，晚上泰姬陵不亮灯，从窗口遥望，看不到踪迹。

晚饭安排在游泳池边吃，这是一个错误的决定。9月的天还是热的，我们一边进食一边流汗，后悔为什么不搬进冷气房去。如果是年底到年头那几个月，天气就凉快得多，露天的烛光晚餐也无妨。

睡了一晚，第二天一早又去游泰姬陵。那么远的水路，不看个够，怎对得起自己？但是，还有很多团友认为望一眼已足，还在大睡。

早上 6 点 45 分出发，到泰姬陵刚好是开闸的 7 点，天空还是一片紫红色。泰姬陵本身是白色的，颜色依时间变动，从黑、紫、橙到黄金。傍晚的景象和晚霞一样，最为美丽。

已经有不少当地导游在兜生意，一般游客为了节省 10 美元，不去光顾，我认为这钱最值得花。他们会带你到最美好的角度去拍照片，像这里是全景，那里可以看到泰姬陵池中的倒影，等等，要熟悉环境的人才能找到。既然难得来到，就让人家赚一点吧。

导游还带你走进陵墓中，拿手电筒照着镶在墙上的红宝石，那些没有被英国军人挖掉，剩下来的几颗，被手电筒一照，清澈通透，红得像血。有些是后来补上去的，就像几片死沉沉的红砖，聊胜于无而已。

伟大的沙查汗国王，建那么一座白色坟墓，其可歌可泣的爱情史诗，当然被后人不断歌颂。但是，也许各位不愿意听，事实并非如此。

沙·贾汗的老婆已为他生了十几个孩子，爱情拖到那个阶段，也已干枯。建这座陵墓，完全是为了表现自己的权力，他还要为自己建一座更大、更宏伟的王陵，用上通透的黑色大理石。

其他的留世大古迹，都是逼无数的军人、苦力和奴隶去建；而泰姬陵不同，沙·贾汗是有文化的君主，他请来的都是高薪的工匠，这样建起来才不粗糙。

细工的雕琢，花掉国家多少财富？白的已经劳民伤财，黑的更是不得了，沙·贾汗的儿子造反，把老子软禁起来，不让他再次胡来。

等到沙·贾汗死掉，儿子残忍地不把他葬在母亲旁边，棺材放在下面一层，而且故意摆歪了。沙·贾汗一生追求完美，泰姬陵的建筑全部是对称的，从中间的洋葱塔一分为二，左右两边的屋顶和高台一样大小。如果国王、王后的棺木左右搁置，这也能完成沙·贾汗的一部分心愿，但他儿子就偏偏不肯那么做。可能是心术不正的原因，王朝交在这个儿子手上，即刻一蹶不振，从此在历史上消失了。

吃完早餐就去新德里，一路上，交通还是那么混乱。在乡下街道，看到摆着两具尸体，只盖着一层草席。印度的有钱人死了，在恒河旁积一堆檀木，焚化起来。这两个乡巴佬，大概是被埋在乱葬岗，草草了事吧。

对自己地方的人间灾难都帮不了忙，对异国疾苦，更是感到无助，我只有把听筒塞进耳中，听我带去的有声书。

好歹到了休息站，咦，似曾相识，原来就是我们来的时候停的地方，导游摇头先生说："公路强盗的电影又要上映续集了。"

众人已对纪念品、大象及眼镜蛇拍照不感兴趣，喝了一杯茶或咖啡，继续上路。

住回同一家酒店，团友们又去楼下的高级商店买藏羚羊毛围巾。这种东西在欧洲被禁，海关查到了要没收的，我觉得与其买它，不如堂堂正正地选购利马的小羊驼（Vicuna）颈项幼毛制品，质地并不比藏羚羊毛的差多少。

专车送团友到市内购物。印度盛产腰果，又肥又大又便宜，还有一种杧果，比阿方索杧果更香更甜，众人一箱箱地买回去。

我则去找印度衫，数十年前买的真丝，如今已再也买不到了。它很耐穿，当年购入的几件，至今到了夏天还派得上用场。

午餐时在酒店的中餐厅吃点心和小炒，虽然不算正宗，但大家也吃得津津有味，尤其是那碟炒饭，被一扫而空。

晚饭则到另一家酒店享用，是把街边小吃高级化，拿到五星餐馆的餐厅里面吃。

再睡一夜，清晨5点送我们到机场搭国泰班机返港。

这次旅行，刚好遇到当地群众造反，本来还担心动乱去不了，好在没事。旅客害怕，人少了反而交通顺畅。另外，吃的喝的都在酒店里，带去的五箱矿泉水也派不上用场，没有人拉肚子，也没有人中暑，真是谢天谢地。

"你们的旅行团自称高级，其实是颓废！"也有年轻人那么批评过。但是，我觉得人生每一阶段都不同，背包旅行我们年轻时也去过，当今能有一点点的享受，也是应该的，不然不知道那么辛苦挣钱来干什么！年轻人一面骂我们，一面羡慕。大可不必，到了我们这个年龄，你也会享受到，但愿如此。

猫山王（上）

5 月底，带了一大队好友，浩浩荡荡地飞吉隆坡，再乘三个小时的车，才抵达目的地劳勿（Raub）。

为什么那么劳师动众？我们是专程品尝榴梿去的呀！在市中心吃，只能由别人拿来，不如直接到山区的产地去，吃个过瘾，吃个痛快！

飞机早上 9 点多由赤鱲角出发，抵达出闸，已是下午 1 点多，直接去餐厅，在大同酒家找到老友阿鼻。

阿鼻顾名思义有个大鼻子，他擅长分辨食物的优劣，弄最地道的马来西亚化中国菜给我们吃。

乳猪有两只，一只以咖喱酱来烤，另一只用淮盐当归去烧。四种当地蔬菜以马拉盏炒。一大砂煲汤，用材是炖了数小时的山猪、土鸡和刚刚采下的胡椒粒串。

野生彭加兰鱼是在当地的河流中抓到的，全身是油，清蒸起来好吃得不得了。客家酿豆腐加了当地咸鱼，还有福建式的章鱼海参焖猪手尖、海鲜煲、干咖喱牛腩、脆花腩炒菜心，脆花腩炒菜心不及菠萝炒大肠好吃。

再来一锅汤，是猪肚煮马来鸡。小吃有猪肠粉和咖喱叻沙、姜茶炖汤丸、娘惹糕点等。这次一共十五道菜，不包括水果。吃得不能动弹，肚子快要爆破时，阿鼻捧了一大锅东西出来，老远已闻到香味，原来是他最拿手的咸鱼五花腩虾酱煲，忙着做别的菜，差点忘记上。大家闻到看到了，再饱也要举筷，接着又喊着要白饭三大碗。

从餐厅到旅馆才十分钟车程，我们一坐下即刻闭上眼睛，这短短的午睡亦是快乐事之一。

入住的文华东方，就在地标双子星隔壁，我认为它是吉隆坡最好的酒店，至少别的酒店购物没有它方便。十八楼那层，几乎给我们的团友住满了。打开窗，两座巨型的建筑物就在我们眼前，我们还可以看到办公室里的白领在玩电子游戏。

大家都说太饱了，要求我晚上迟一点出发。我说："行啊，我们 8 点 30 分走好了。"

"8 点 30 分太早了。"众人抗议。

"吉隆坡塞起车来不是好玩的,今天是星期五,又是月尾出粮,到餐厅要一小时呀。"我说。

"茨厂街(吉隆坡唐人街)离酒店那么近,不必吧?"有些熟悉地理的团友有疑问。

我微笑不语。

放下行李,我冲到双子星商场中的"BRITISH INDIA",这家是我唯一感到有兴趣的服装店,设计是传统中暗暗地带着新颖的模样,色彩从单调的黑白到缤纷的鲜艳,最重要的还是用最上等的布料,让你穿得舒服。优质的线和麻,或是海岛绵,摩擦在肌肤上的那种感觉,不同就是不同。

但价钱不会因为是本地货而便宜,而且买得再多,店家也不肯给你打折。

团友们也纷纷试着,感觉好,也就买了。

集合时间一眨眼就到,果然如我所料,花了整整一个钟头才到达茨厂街。

"吃些什么?"团友问。

"炒面哪。"我说。

"怎么晚餐反而只是吃面?"

"时间那么晚了,当是夜宵吧。"我又笑了。

金莲记是家大排档,炒福建面起家,独沽一味,只要做得出色，那就是一个挖不完的宝藏。当今老板已经把对面的一座三层楼的建筑买下，一楼是咖啡屋，二楼是快餐，整个三楼被我们包下。

每次吃我最喜爱的福建炒面，都不够过瘾。因为多数人吃饱了才上面的，又要和别人分，没有一回满足。

今晚是上一大碟面、一大碟米粉、一大碟河粉、一大碟面线，还有一大碟当地人叫作老鼠粉的面食，就是台湾居民的米苔目，我们称为银针粉。

再接再厉，来干炒牛河、生鱼片沕米粉、肉骨茶面和刺激的干咖喱面。

其他小菜有卤肉、贵妃鸡、猪脚姜、炆豆腐、蒜子鸡煲和上汤水饺、肉饺羹茶汤等十六道，大家吃得饱饱的。我以为我也可以安心享用一碟炒面，但忙着招呼客人，忘记了吃，第三代传人李贤鸿看到了，特地为我打包，回到酒店，一边看电视，一边细嚼。

翌日的早餐有三种选择：在酒店吃自助餐，到外面去吃肉骨茶，两者都吃。大家都选了第三种。

酒店的早餐种类非常多，有煎蛋、味噌汁、虾饺和烧卖。我最有兴趣的是本地餐了，桌上摆着各种咖喱。

马来西亚人的典型早餐是一包椰浆饭（Nasi Lemak），这里不是包好的，任由客人拿取。先闻到饭香，那是香米加上椰浆的香味。我在碟上装了饭，加点炸小鱼、切片的黄瓜，但找不到 Sambel（东南亚诸国常见辣椒酱）。问厨子，他向那一大锅浆汁一指，我舀了点淋在饭上。一吃，根本就不是那么回事，像汤多过了酱，要知道那甜甜、酸酸、辣辣的 Sambel 是整个椰浆饭的灵魂，缺少了它，就完蛋了。

我向侍者提出严重的抗议："西餐、日餐和中餐，弄得不好客人都能原谅，但是自己国家的食物不像样，是不可饶恕的。"

侍者唯唯称是，说会向餐饮部经理反映。

启程，往此行的戏肉（广东方言，指精彩部分）走，到劳勿吃榴梿去，享受最好的马来西亚品种——猫山王。

猫山王（下）

猫山王这个榴梿品种的名字好怪，有座猫山吗？是否有位猫之王者？是猫山王，还是猫王山？

团友议论纷纷："什么山？"

"是不是过山的，和过山鸡一样？"一位来自中国台湾的团友问。

我们叫的走地鸡，在台湾叫过山鸡。

"你说什么？"又有一位听到一半问道，"有种猫叫过山猫?"

最后导游指正："猫山,是果子狸的马来语译音,叫"Moosang"。果子狸最聪明,专选好的来吃。这个品种是果王,所以叫猫山王。"

原来如此,恨不得马上吃到榴梿。车子在山谷上的公路旁停下,我们要经过山径,一步步往下走。园主相迎,热情款待,指着树,解释道:"这是红毛丹,这是山竹。"

红毛丹一点也不红,全绿,未熟之故。山竹也不紫,本来榴梿为果王,山竹为后,前者性热,有后者中和。如今未熟,吃太多榴梿怎么办?会不会流鼻血?大家有点忧虑,我笑着说别担心。

经过一小山坡,笼里养着大大小小的山羊,我问园主可不可以烤来吃?他声称没问题,这回没准备,下次来,烤几只奶羊让我尝尝。

我们在树下的长木桌旁坐着,园主问:"要先试哪一种?我今天准备了四样——猫山王、D24、竹脚和老树。"

"当然是猫山王!"我喊了出来。

猫山王上桌,一看,个头并不大,比泰国榴梿小得多,但大过沙田柚。一剥开,发现壳薄得不得了,榴梿果肉则厚,核细,一个小猫山王的分量多过一个泰国的金枕头。

香味扑鼻,即刻挖一粒塞进口里。味道独特,甜度适中,细嚼之下，像一匹浆液化的丝绸，滑入胃中。

众团友也吃得大乐，园主和他的助手都忙着开榴梿，劝阻我说："还是先试试其他品种吧。"

再上的是 D24，它在吉隆坡市面上已当成宝。我们在山里，嫌它没有猫山王那么好。再来的竹脚，也较 D24 美味，比较起来，就知道一山还有一山高。

最后拿来的是老树，原来刚才吃的是经过嫁接培植的，树不高。马来西亚榴梿独特之处，在于不能采，要等到它全熟后掉下，而一掉下，最多只能保存一至两天，再久就要裂开，香味全跑光了。改过种的树很矮，掉下来时榴梿壳才不会破。

老树有 20 多米高，多数长在很难到达的深谷中，要聘请专家在树与树之间张网，待榴梿掉下才去收集。

先吃了一个没有品种命名的老树榴梿，香味原始，肉饱满，像回到了母亲的怀抱。因为生产得少，不是很多人能品尝得到的。

园主又奉上一个猫山王老树榴梿，啊，是极品了。用文字形容不出其美味，不如免了吧，只说是我一生吃过的榴梿之中最好的。

团友们也吃得畅快淋漓，每一个人至少吃了整整三个大榴梿，心中还是存着疑问："吃得过火怎么办？"

我叫大家拿了一个空的榴梿壳，到水龙头处。水龙头流出的是山水，用来洗手，奇怪的是经山水一淋，手干干净净，一点味道也没有。我用干净的榴梿壳盛山水，拿给团友喝，这么一来，热气全消，不必吃果后山竹也行。

临走，有些团友在地上捡了个小榴梿，那是长得太多而未成熟就掉下的，只有苹果般大，拿回去当装饰，可爱得很。

本来安排在山谷中吃榴梿当午餐，又怕大家不饱，叫了一档流动小贩来，沙爹、羊肉、牛肉和鸡肉任选，后来，又打听到劳勿这个地区有家河鲜店，刚从溪里抓到最肥美的巴沙鱼。好，就多一餐吧。

餐厅在一座木头建筑物里，众人走进去时看天花板上挂着风扇，但还嫌热，好在餐厅里边有一间冷气房。

第一道上桌的是清蒸巴沙鱼，有三四斤重。

巴沙鱼样子有点像风水金龙鱼，无鳞而已，身上和肚子长满鱼油。鱼油含有 Omega-3 脂肪酸，在大家的印象中它没有猪油那么可怕，味道又出奇地好，纷纷举筷，一下子吃光。

第二道也是巴沙鱼，但用 Assam Tempoyak 来煮的。什么叫"Assam Tempoyak"？是把榴梿去核，用盐腌渍，让它发酵后存在玻璃罐中的美食。煮鱼时下数汤匙，又加带酸的罗望子酱、咖喱香叶和其他复杂的香料。真的美味，味道又与清蒸的截然不同。

吃到这里，忽然一整个劳勿停电，我们汗流浃背，打开窗，不管，继续吃。

这里的一切河鲜都是野生的。我们又试了另一种鱼，叫大山老罗。另外的河虾肉又爽又脆又甜。

我们这次只叫八道菜，其他的有炒臭豆、炒当地油麦菜和虾米四角豆等。最精彩的当属炸鸡，用的是腿又长又瘦的马来西亚走地鸡，肉结实又带有浓厚的香味，吃得再饱，我们也把那一大碟马来鸡吞下了。

晚上，到我们熟悉的"北海"吃海鲜，一共二十道菜。第三天要出发，已没人报名去吃肉骨茶，在酒店胡乱吃一点算数，中午去吃印度大餐。

捧着肚子上机，临走还要在马航的休息室中吃几碗面。但大家怀念的，还是猫山王。

有趣

文华酒店的扒房（餐厅），近来加了最新派的分子料理。友人宴客，请我参加，地点在库克厅（Krug Room）。

库克厅很神秘，躲在二楼扒房对面金纳里（The Chinnery）酒吧的后头，一走进去看到有栋玻璃墙，可偷窥文华酒店的中央厨房，也能见到厨师为我们准备的这一餐分子料理。

库克厅以著名的香槟为字号，客人当然主要是喝香槟酒，库克已经被 LV（路易威登）买去，它也早已买了著名的香槟厂唐·培里侬（Dom Perignom）。

传言 LV 命令生产量不多的库克大量制造，降低水平。但事实上 LV 并没那么做，让一切顺其自然，法国老饕才安了心。

库克香槟，连无年份的库克陈年香槟酒（Grande Cuvee）也至少经过六年才出厂，更高级的要酿到十年以上。喝库克酒，好年份是一九八九年、一九八八年和一九八五年。但是，接近最完美阶段的，当然是一九八一年的。

室内的长桌上，摆着一个个的花瓶，有二十多瓶，每个花瓶里插着一朵鲜红的玫瑰花。长桌上面的灯饰，是用一套套的餐具倒吊组成的，设计甚为特别。

当晚的菜名用粉笔写在靠门的黑墙上，十三道菜，计有"石头烤""黄金鱼子酱""僵尸""雨水""西班牙海鲜饭寿司""龙虾面""Krug 葡萄""羊毛""黍米鸡""蚝""早餐""夏湾拿之旅""化妆"。单单是菜名，已够怪的了。

第一道上桌的菜，在一片平石上，摆着黑白的鹅卵石，樱桃般大。厨师出来解释用的什么原料和做法，并提醒只能吃中间那两粒，其他是真的石头，不可食用。

把黑色鹅卵石放进口，才知原来是以马铃薯为馅，外面包的是黑芝麻，把马铃薯泥搓成丸，浸在黑芝麻浆中，像巧克力的外层。

咬了几下，果然有马铃薯味。

第二道是一个铁盒，和真的鱼子酱的包装一样。打开盖子，里面有橙色的一粒粒的东西，用扁匙舀来吃，原来是把荔枝搅拌成汁，加了做大菜糕的海藻液，放进有如针筒的管中，像打针一样，让它一滴滴地滴在特制的容器中，凝固起来，犹如鱼卵状。

咬了几口，果然有荔枝味。

这道菜只要有特殊的餐具，人人都会做，无须厨艺。

第三道是猪肉，用一块样子像缠干尸的布条盖住，故称"僵尸"。那块布吃起来很甜，是把棉花糖压扁做成的。下面的猪肉红烧，配上辣椒酱和奶油豆酱。

第四道是"雨水"。最初看不见什么"雨水"，碟子是四方形的，很大，摆着几种菜叶。厨师出现，拿了一管很细的胶筒，挤出调味液，像花洒般地淋在生菜上面，称之为"雨水"，原来如此。

第五道是西班牙海鲜饭寿司，原名"Paella"，看起来是一片压得扁扁的白饭，和寿司又怎么搭得上关系呢？原来白饭片上铺的是粉红色的鲑鱼、白色的比目鱼和另一种叫不出名且吃不出味的鱼。厨师又出现，再次拿出胶筒，滴上山葵酱油。虽然它叫寿司，但和手握的长方形块状完全两样，像一块饼干，不知日本寿司师傅看了会不会被气死。

第六道是龙虾面。最下层铺着粉红色的圈圈,像蚊香。上面倒看得出是什么,是三块龙虾肉,吃起来也是龙虾。至于为什么叫面?原来那粉红色的,是将龙虾头的膏混在面粉之中用针筒挤出长条来当面,没有什么龙虾膏味,像面粉慕斯。

第七道是 Krug 葡萄。厨师当众表演,由冰桶中倒出两粒葡萄来,样子是葡萄,吃起来味道也是葡萄,但有小气泡在口中爆裂,原来是把香槟气体打进葡萄中做成。

第八道是"羊毛",又是用那块干尸布做成的,反正羊毛被和僵尸布的样子很接近。铺在下面的是羊的三个部分,即骨肉、红烧羊肩和羊的脾脏。脾脏不是人人都懂得欣赏的,我倒能接受。红烧羊肩可口,骨肉则和普通的羊架子肉一样,很小块。

第九道是黍米鸡。由鸡胸肉和烤腿肉,加上玉蜀黍粒做成,这道菜样子和味道都像没有经过分子处理。

第十道是蚝,已是甜品了。碟中有一只连壳的蚝状东西,原来是巧克力做的。至于蚝中的那粒珍珠,则是以白色东西包着的一粒榛子仁。另有啫喱状的物体,是用香槟加鱼胶粉做出来的。

第十一道是"早餐"。碟上有一煎蛋,以椰浆做蛋白,而蛋黄则是杧果汁制成。

第十二道是"夏湾拿之旅"。这是什么?夏湾拿以雪茄著名！用巧克力卷着云呢拿雪糕，制成大雪茄状。雪茄灰则用黑白芝麻做成，颇花心思。那个巨大的烟灰碟，也是用巧克力做的。已太饱，没人吃得下。

第十三道是"化妆"。它最为精彩，上桌的是一个和粉盒一模一样的东西，打开来，还连着块镜子呢。胭脂粉饼是先将西瓜汁结晶，再磨成粉状制成的。而粉扑，当然又用了棉花糖团了。

饭后侍者拿出意见书，要我们填上，我本来推却，被人劝后，写上了"有趣"。

友人小儿子问："写'有趣'是什么意思？"

我回答："将吃的东西做成你意想不到的物体，创意十足，是有趣的。其实，我的老师冯康侯先生说过，他在广州的花艇上吃过各种'水果'，但都是由杏仁、红豆等做出来的，这种想法早已存在。不过，我们要吃薯仔就吃薯仔好了，要吃荔枝就吃荔枝，干脆了当更是率真。基本美食一代代地传了下来，一定有它不可取代的存在价值，分子料理经不经得起时间考验，是一个问题。如果有人问我好不好吃，我则说不出所以然。当主人热情，你又不想太直接发表意见时，最好的评语就是说'有趣'。"

河鱼王

去了马来西亚，最大的美食趣味莫过于吃河鱼。

各国的野生海鱼数量已明显减少，当今在中国香港要吃到一尾不是人工养殖的黄脚鱲已非易事，流浮山附近海域还有人钓到。七日鲜和三刀等，更是可遇不可求。养殖的海斑最乏味，肉质多渣，如今我已尽量避免去吃了。

野生河鱼及半咸淡水鱼也是少之又少，倪匡兄说他小时候看到黄浦江中的黄鱼，游过来时海面一片金黄，多到渔民不去捕捉。网到的也多数没有尾巴，尾巴都给后面的鱼吃掉了。那么多的黄鱼，也被我们吃得快绝种。近来国内能捕到的一尾半公斤不到的黄鱼，也要卖四五千元人民币了。

郁达夫先生不停称赞的富春江鲥鱼，也是同样命运。友人到了上海，说也吃到鲥鱼了呀，为什么说没有了？啊，那是马来西亚运过去的，种已不同，样子像而已，鳞下的脂肪不见了，瘦得可怜，叫什么鲥鱼呢？

河鱼是马来西亚最稀有的天然物产，至今未被普遍认识。我对马来西亚河鱼又爱又怜，它得天独厚，鲜腴味美，我还担心它被过量捕捉。

十大品种的河鱼皆肉肥骨少，存在于拉让江和彭亨河，多数是受马来西亚政府保护的，只有一代接一代生活在江边、河边的土著有权去抓，以充生计，其他人是一律被禁止的。

话虽那么说，但是土著抓来，也是卖给出得起钱的老饕，随时会过量捕捞的。

有个叫王诩颖的人，在彭亨的劳勿地区建了 A 级水族馆宠物中心（A-CLASS AQUARIUM PET CENTRE），起初是把河鱼当成观赏鱼来卖，后来食者渐多，他也认清潜伏的危险，搭起具有规模的养鱼场，像我们的基围虾一样，让河鱼半野生半养殖，以供食用。

在这个条件之下，我才让他请客，大唉马来西亚十大河鱼。

第一尾，当然也是最贵的，叫"忘不了"（Empyrau），产于砂拉越诗巫江上流的加必及下流的峇拉加两段水域之中。前者鱼身较白，肉质更为鲜美，后者长满红鳞，质次之。

这种河鱼嗜吃一种生长于河边的野果，俗称"风车果"，成熟之后掉进河里。鱼儿们争逐抢吃，有些更冲上激流，愈游愈勇，一下子跳跃而上，从树上咬来食之。

养殖的头一年，体重只有四五克，第二年可达一至二公斤，三年才有三公斤，酒楼价格一公斤 550—1000 令吉。

这次清蒸了一尾四五公斤的给我，好吃吗？的确好吃，有一股其他鱼没有的香味。鳞刮下后拿去抹盐，鱼鳞有 5 港元铜板般大，带着皮下脂肪，鲥鱼鱼鳞绝对比不上。此鱼虽美味，但是让人忘不了的印象，来自价钱，多过肉质。

第二尾是白苏丹（White Sultan），样子像大鲤鱼，是它的近亲吧？但它一点无异味，异常鲜美，价钱一公斤 180—280 令吉。

第三尾是梦亚兰（Munyalan），译名十分优美，它的价钱一公斤只卖 180 令吉，因为一出水即死，都是冰冻的。

第四尾是高鳍拉邦（Raban），名副其实地翘起很高很大的鱼鳍，样子也有点像鲨鱼，虽然清蒸之后没那么香，但肉质异常滑嫩。它只在云顶赌场提供，是独家美味。一公斤的价格为 150—180 令吉。

第五尾是国宝鲤，又称独目鲤（Temoleh），有双目。名字大概是由马来文译来，中国人加上"国宝"二字，以示珍贵。虽然名字里有个"鲤"字，但其实不太像鲤鱼，反而更接近乌头。国宝鲤的香味最浓，肉也最肥，若是与其他鱼一同蒸，先上国宝鲤的话，其他鱼都会显得乏味。它的产量最多，建议大家多品尝。价格一公斤 130—280 令吉，视重量而定，愈大条的愈好吃。

第六尾是笋壳，无英文名字，被香港人视为珍贵的河鱼，但在此排名第六。肉味淡，多数用来油爆而不是清蒸。不过，马来西亚的笋壳可以长得极大，有的一条重达 10 公斤以上，售价一公斤 130—180 令吉。

第七尾是吉拉（Kerai），分为白色和黄色，样子像全身洁白的鲤鱼，味道也很不错，价格在 130 令吉至 300 令吉之间。

第八尾是鲇鱼，也就是洋人所谓的 Catfish，但马来种的无须，亦长得很大。

第九尾是红尾虎，亦无马来名，它的上颚有数条短须，下颚有两条很长的，湄公河、亚马孙河和美国河流都有它的产地。

第十尾是河巴丁（River Patin），在新加坡吃到冷冻的已算非常珍贵，它的样子像珠三角的大头鱼，但味道更香，腹部充满肥膏。有这种第十位的河鱼来吃，已觉幸福。

河鱼专家王诩颖曾经捕捉到一条野生的国宝鲤，重 43 公斤，长 50 英寸（约 1.27 米），足够供 350 人享用。但他说肉质最佳的是 6—15 公斤的，太大的不好吃。鳞倒是愈大愈鲜美，一片有成人一只手掌那么大。

国宝鲤的学名为"Probarbus Jullieni"，上半身呈深绿色，腹部则是乳黄色，是鳞科中最大的一种。和它的近亲水马鰡一样，国宝鲤也会跳上水面吃果实。

野生河鱼游得很快，土著多数用棒子击毙，鱼容易出现瘀血，这样煮出来的鱼就不好吃了。所以，不建议大家采取这种方式。况且，河鱼和海鱼不同，养殖的味道差不多，珠三角河鱼就是一个证明。我们应该避免捕捉野生鱼类，让它们繁殖，拿小鱼来养，这样我们才能一直享受美味的河鱼。

有机会，我还是会跟随王诩颖到彭亨河去，和土著打打交道。他们将网到的活鱼扔在燃烧的木堆中，就那么吃。这是他们日常的食物，我和他们一起吃野生的，不过分。想必味道一定非常美妙，这也会是一种乐趣。

西西里之旅（上）

自从看过电影《教父》之后，我就迷上了那个故事，一直梦想着有一天能亲临西西里。我知道现在的情景与当年电影中的场景不同，但至少还能感受到一些历史的痕迹吧。终于在2011年的中秋节，我实现了这个梦想。

起初，我以为西西里是一个小岛，但实际上它是意大利本土之外最大的岛屿，面积有25000多平方千米，从一端到另一端还需要乘飞机。小岛位于意大利国家的最南端，被地中海环绕，岛上人口约500万人。

我们在半夜从赤鱲角起航，经过时差，清晨7点左右抵达罗马，然后转机乘坐国内航班，不到一小时，我们就来到了西西里。

西西里岛的首府是巴勒莫（Palermo），但我们降落在西西里东边的另一个大城市卡塔尼亚（Catania）机场，再一路北上，这是一条最佳的旅游路线。

抵达时已是中午，我们到当地的一家五星级酒店吃个午餐，酒店设计是中东的沙漠旅馆式，吃的是一些海鲜，味道不错，但没有给我们留下特别的印象，可能因为我们有些疲倦。

我们乘车继续前行，小睡一会儿。两个小时后，我们来到了陶尔米纳（Taormina）。大巴士无法爬上山顶，于是我们换成了七人座的车，顺着弯弯曲曲的小路，我们终于看到了第一天要入住的圣多明尼哥（San Domenico）酒店。

入住后，我们打开酒店窗户，看到了夕阳，山下有小屋和蔚蓝的海洋，用风景如画来描述，绝对不为过。这里的美景，可以媲美被誉为世界上最美的地方之一的卡碧岛（Capri）。

这家酒店原本是 15 世纪的修道院，经过多次改建，因为西西里被希腊人、罗马人、拜占庭人和游牧民族占领过，所以建筑风格受到多种影响，形成了独特的建筑风貌。

虽然酒店占地数百亩，但房间数量并不多。可能是因为德国最著名的作家歌德曾经下榻于此，第二次世界大战前，德国人甚至愿意买下整个酒店，住客中也掺杂了不少英国间谍，因此这里成了佳话。

除了歌德，还有许多其他著名的艺术家和作家在这住过，像大仲马、劳伦斯、莫泊桑、罗素、斯坦贝克，还有不可忽视的奥斯卡·王尔德。

餐厅一共有四个，我们选择了阳台位置。西西里一年中几乎没有多少阴雨天，所以不用担心下雨。这晚正好是中秋夜，月亮并没有因为在国外而显得特别大，大家的心情非常愉悦，美食一道又一道，香槟一瓶接着一瓶，大家最喜欢的竟然是 D'AST 的鹧鸪牌甜起泡酒（Moscato），喝得大家都有些醉醺醺地回了房。

翌日的早餐可算丰富，虽然没有苏格兰的分量那么大，但选择之多，令人眼花缭乱，从数十种自烤的热烘烘面包开始，搭配着无数种果酱，五颜六色，其中还有黄芥末和白色奶油酱。另有奶酪、果仁、水果、蛋糕、冰激凌、芝士、蘑菇、肉丸、香肠、火腿、鸡蛋、蔬菜，果汁当然也是必不可少的。罕见的是新鲜榨的杏仁汁，最后还供应了能解酒的回魂甜桃汁和香槟。

餐毕，我们返回卡塔尼亚，那里有一个活力十足的鱼市场，渔船刚上岸就开始交易，虽然如今是填出来的市场，但海产依旧新鲜，热闹非凡。

迎接我们的是盐艺术咖啡馆（IL SALE ART CAFE）的老板安德烈·格拉齐亚诺（Andrea Graziano）和他的非洲籍女友，她充当了我们的英语翻译。安德烈 40 岁左右，一副艺术家打扮，热情十足。他父亲是个画家，本希望儿子也从事艺术创作，但谁知道他喜欢上了烹饪，只能顺着他的意愿，条件是餐厅的名字和设计要由他的父亲亲自操刀。

安德烈一路带着我们到各家他熟悉的海鲜档参观，见到新鲜的鱼虾，我们兴奋得整个人跳了起来。

档中卖的剑鱼特多，这种巨大的吞拿鱼类肉并不肥，当地人多数把鱼头斩下，拿去煲汤。

多类型的鱼，如牙带和石斑，都已经见过，其中还有石头鱼鲛，打开肚子后露出的是肝脏，原来他们也将其视为珍品。一见到鱼内脏，我们就让他拿来做。安德烈带我们来的目的，也是让我们挑选鱼，他来做料理。

又见到一大块一大块的鱼卵，我要他煎来吃，他却说不如当刺身。哈，原来西西里岛上的人也好此道，正对我胃口。又买了很多种没试过的鱼精子，他说可以生吃。

来到另一档，我们看到了虾，他立刻剥皮让我们试吃，地中海鲜虾本来就很甜，生吃就像刺身，不亚于北海道的牡丹虾。

接着，我们去了专卖贝壳的档口，品尝了许多新奇的贝壳，像樱桃核（Cherry Stone）和小蛤蜊（Little Neck），形状不同，但味道差别不大。安德烈又拿了一种贝壳，说这是最珍贵的，你肯定没吃过。他女友将其翻译成鲍鱼，但我笑着说，鲍鱼是大的，这个叫九孔，你不相信的话数数壳上有没有九个洞吧，结果安德烈佩服得五体投地。

逛完鱼市场，我们的兴致还未尽，安德烈又带我们去了一家干货店，里面卖各种果仁。杏仁最多，当地产，价钱便宜得让人难以置信。还看到一堆堆新剥的核桃，个头有大人拳头那么大，对于没见过的人来说简直不敢相信。

我注意到有一堆黑色和一堆紫色的东西，样子像饼。大家都知道我从没吃过，于是抓了一些来试。原来前者是仙人掌果干，而后者的味道如醇酒浸泡了蜜糖，原料是已经榨汁的葡萄皮，加上大量的糖压缩后制成饼状，是穷人家的珍品。我一尝，味道香醇清新，立刻爱上了，买了一大袋带回酒店，饿了就拿出来当零食吃，真是喜欢得不得了。

买完了菜，可以到餐厅去煮了。

西西里之旅（中）

返回餐厅的途中，走过菜市场中一档卖牛杂的，我觉得一定要尝一尝。

档边摆着一个厚铝皮造的大锅，小贩打开盖子，香气顿时扑鼻而来。他从里面捞出一个大牛胃，然后在砧板上切碎，没有加任何调味料，只有海盐，连胡椒都没有撒。切好后，他分成一小撮一小撮，每撮卖 1 欧元，吃起来简直美味绝伦。

最好吃的是牛血肠。他们把新鲜的牛血灌入大肠中，煮熟后再一片片切开。有些人起初吃不惯，不敢尝试，但看到其他人吃得津津有味，他们也开始尝试。西西里人对于内脏食物的热爱丝毫不逊色于中国人。

如果把那一大锅里面的汤舀出来喝一定美味，但这一点他们倒是不懂得了。好在旁边有家人卖冰，意大利少女把很大的一颗柠檬挤出汁来，加冰，又添一点点的盐，最后灌有气的矿泉水。

喝了一口，又酸又咸，当然没有加糖的那么好喝，但他们说这才是最能帮助消化的，而且对健康有益，是西西里岛独特的喝法，我也照着灌了几杯。

盐艺术咖啡馆躲在卡塔尼亚市中心的一条小巷之中，旁边还有一间小裁缝店，店主坐在门口，一针一线为客人精制西装，人非常健谈，教我全人工制衣和大工厂制衣的不同。我真想请他为我做一件，但由于路途遥远，不能按照他所说的试穿三次，只好作罢。

咖啡馆不大，全白色装修，墙上挂满当代绘画，原来是提供新艺术家在这里有个办展的机会。

女招待身穿印有该店标志的T恤，个子娇小，瘦瘦的。意大利少女真是好看，不过我不敢想象她结婚后会变成什么样子。

我请求为她拍一张照片，她亲切大方地说好，但我拍的是她身上的图案设计，她有点失望。拍完之后，我再拍她的特写，又要求合影，这时她才开怀地笑了。

生东西吃得多，肚子开始咕咕作响，我知道我必须采取紧急措施，那就是灌一些烈酒。我叫了一杯果乐葩（Grappa），这是由葡萄皮和梗酿制的，本是最便宜的土制酒，但近年来被美食家欣赏，已经开始精制，选用了最好的葡萄，去除肉而制作。

我点的是以最甜的葡萄莫斯卡托（Moscato）提炼的果乐葩，略带甜味，非常容易入喉。店里的调酒师看我懂得选择，很高兴，又介绍了我几种岛上酿制的果乐葩。我连着喝了几杯，胃感觉舒服多了，整个人也有些飘飘然的感觉。我一直称这种美味的酒为"快乐酒"，一点也不为过。

老板安德烈在厨房忙了好久，一碟碟菜肴不停地摆上桌。先是各种罕见的海鲜，他用炸、煎、煮来供我们品尝。我最感兴趣的是他的鱼卵，他说要生吃，看他怎么炮制。

原来是把金枪鱼腩部刺身剁碎，然后将生鱼卵挤入其中，搅拌一下，撒上一点海盐，然后上桌。一吃，清甜无比，因为新鲜，一点腥味也没有。一开始有点害怕尝试的团友，都大嚼特嚼起来。

我们还看到了一条条像铜板一样的生鱿鱼，不需要加任何调料，海水本身已经很咸，就这么抓来吃。不过，安德烈说要等一等，他拿起一条，剥开后取出小块的骨骼，原来不是鱿鱼，而是小墨鱼，当然得除内壳才行。

之后上桌的是地中海龙虾、剑鱼汤和各种不知名的鱼，都非常肥美。最后的甜品也很有心思，是根据店里的标志用巧克力粉铺在碟上，蛋糕和冰激凌放在中间做成的，再加上岛上的各种芝士。

如果你喜欢吃刺身和海鲜，那么逛逛菜市场，再来这家店大吃一顿，就已经值回西西里岛走那么一趟了。

从卡塔尼亚市出发，沿途见到了西西里岛最大的活火山埃特纳山（Mount Etna），几天前还爆发过，导游说还担心我们飞不成。火山在日本看得多了，也去火山口近观过，这里不必去了，只是远远地观望了一下。

中午，我们在一个小山城吃饭，房屋依山而建，是意大利独特的风格。爬上去之后，看到古城的各个角落都是美丽的风景，加上蓝天，拍成的照片堪称艺术品。

晚上抵达希腊人留下来的神殿，入住一家叫雅典居（Villa Athena）的酒店，虽然只有四星，但全是白色装修，干净整洁，设计又新颖，非常舒适。望着已经打亮灯的神殿，吃完晚饭后休息。

一大早我们游览了神殿，这里的东西保存得比希腊的还完整，真让人不得不惊叹，没想到研究希腊建筑要跑到西西里来。古迹旁边还添加了后人做的铜像，有大头的，有站立的，有躺着的，巨大无比，与神殿的石柱相辅相成，更显得宏伟。

西西里之旅（下）

车子一路往西西里的首府巴勒莫走去，沿途马路的两旁种满了仙人掌树。真是除了墨西哥之外，我就没见过那么多仙人掌。

正值果实最成熟的季节，树上挂满一粒粒像马铃薯般大的褐色仙人掌果，样子并不吸引人，我之前在罗马的菜市场见过。这里产得太多，已经没人去采，任其自生自灭。如果中国人来了，肯定可以做一笔生意。

在海边的旅馆小憩时，我看花园中也种了很多仙人掌，长的是鲜红颜色的果实，有些还红得发紫。我忍不住伸手去摘一颗来拍照。然而，手指按在刺与刺之间，用力拉，但它不肯剥脱，反而挤出红颜色的汁来。我尝了一口，哎呀呀，天下竟有这么甜的汁液，真后悔没弄一堆来吃。

终于，我们来到巴勒莫。周围都是高山峭壁，这样的地方怎么能建起城市呢？远处有一间小屋，上面写着"向黑手党说不"（No Mafia）。

原来当地出现了一个清廉的反黑社会专员，差点把黑手党灭绝，但对方也不好惹，在那间小屋用望远镜监视，等到专员的车队来到，就用遥控引爆数吨的炸药，将他杀死了。市民为了纪念这位专员，立了这座碑。

现在的巴勒莫还能见到黑手党吗？当然不会了。在杀人的时候，如果凶手遇害或被囚禁终身，得养活他一家老小，也是成本很高的一件事，黑社会才不会那么笨。现在的黑手党已经转去开建筑、财务公司和大型超级市场，都做合法生意了。

巴勒莫本身并不是一座可爱的城市，古老而阴沉，建筑物也不是很有特色。至于餐厅，我们去了一家米其林星级餐厅，有一个来自东京的大厨，但做出来的都是行货。我们吃完后，他前来问意见，我用日语把他大骂了一顿。

住的旅馆虽然是五星级，但普通得很，没有什么特别的印象。但巴勒莫不可不来，此行的高潮，是到被誉为世界最佳料理学校之一的 Casa Vecchie 上课。

地点在瓦莱伦加（Vallelunga），距离市中心还要一个多小时的车程。那里是一整片数万亩的田园，种满了葡萄等各种果树和香草，简直像个世外桃源。

这所学校是安娜（Anna）创立的，她父亲是个出名的酒庄主人。长大后，她嫁给了兰沙公爵，有了这大庄园，可以为天下同好者分享美食经验。我一直对她的学校心生向往，她的《西西里岛之心》（*The Heart of Sicily*）、《西西里岛的味道》（*The Flavors of Sicily*）、《来自西西里岛乡村的香草和野生绿色植物》（*The Herbs and Wild Greens From the Sicilian Countryside*）、《濒危水果的花园》（*The Garden of Endangered*

Fruit）等英文书我都收集齐全。

可惜安娜在 2010 年去世了，如今由她的女儿法布里齐亚·兰扎（Fabriria Lanza）继承。她本人也有 50 岁左右了，是位身形高大但优雅的女士，足以用英文"Handsome"来形容。

老师一点架子也没有，当自己是家庭主妇，先带我们走入厨房——也是她的教室，拿出来的是一瓶瓶的酒和一大堆芝士。

西西里的芝士多数用蜡封住，做成一个小葫芦状，上小下大，形状也像个乳房。甜品的芝士更像，丰满的半球形蛋糕，顶上放着一颗樱桃，当地人称之为"维纳斯的奶奶"。

味道很不错，还有各种新鲜的羊奶芝士，当天早上新鲜制作。至于酒，都是自家酿造，没有贴上牌子，红白餐酒和玫瑰酒让我们喝个不停，饮之不尽，还没开始，人已经醉了。

说到西西里的名酒，印象最深的牌子是"Donna Fugata"，"Donna"是女人的意思，而"Fugata"则是逃掉。我们一路上喝这种红酒，都用粤语笑说是"走路老婆"。

授业开始，今天的速成班做四道菜：

1. 鹰嘴豆饼（Panelle）。

2. 野茴香沙丁鱼意粉（Pasta with Sardines and Wild Fennel）。

3. 茄子杂菜（Caponata di Melanzane）。

4. 新鲜薄荷炖羊肉（Stew Lamb with Flesh Mint）。

鹰嘴豆饼很容易做，用豆粉加水打匀成糊状，放在碟上一下子就干，然后切片油炸，是很好的送酒小菜。

野茴香沙丁鱼意粉的做法是把面条煮熟，再将新鲜的野茴香菜切碎，煎好的沙丁鱼放入搅拌机打成酱，加洋葱、松子、葡萄干和胡椒，将其淋在面上，拌后非常美味。美味的秘诀在于加入了大量的番茄酱，那是用一百公斤的鲜西红柿，压成酱后日晒三天，等到水分干了再制成一公斤的酱，想不好吃都难。

茄子杂菜则将茄子切丁，加橄榄、芹菜，用小咸鱼及醋调味，炒成一碟。

当天没时间把羊肉炖好，只是用烤的，没什么学问，不谈也罢。

四道菜做好后，就成了我们的午餐。其中意大利面最美味，我们都能学以致用，回到香港后可以做出这道美味。意大利人吃意大利面，有时也下点乌鱼子。我告诉老师，下次她来香港，我会做大闸蟹拼意粉给她吃，又将做涂黄油的过程详细描述，她听得口水直流。

我的好友们的子女都有意当大厨，去了法国蓝带厨艺学院或美国饮食学院读书。但如果是我的话，我会到这家来学。因为老师会讲英语，而且是一对一教学。我还可以住在学校里面，每天早上和她一起去选食材，采摘香草，做中餐；午后小憩，醒来又进厨房准备晚宴；晚餐后吃些芝士，和老师一边品尝餐后甜酒，一边聊旅行经验。住上三个月或半年，我不可能烧不好一顿意大利菜。

各位有兴趣不妨一试，老师与我一席之谈，已成为老友，我怕我的名字难记，告诉她英文名叫马里奥（Mario）。要是与她联络，说是来自中国香港的马里奥介绍的，应该更容易熟络。该校只在每年 3—5 月、9—11 月开课。

机场乐

整天和洋人打交道的国泰航空老总陈南禄，原来写得一手好文章，曾在《明报周刊》发表过对航空事业的看法。其中有一篇谈及各国机场的文章甚有趣，引得我也来写一些机场见闻。

航空公司代表着一个国家的经济和战略，新加坡航空是一个典型的例子，他们购买大量的新型飞机，将旧飞机转让给其他航空公司，这使得他们赚得盆满钵满。

在新加坡的樟宜机场，新加坡航空的头等舱候机楼提供丰富的食物，不仅仅有面包、火腿和炒蛋，还有地道的马来西亚小吃，比如梅山（Mesian），一种有味的米粉，淋上带有甜味的花生汤，再加上一匙辣椒酱和几滴酸柑汁，美味而开胃。在登机之前，不必光顾熟食中心的小排档，候机楼里的小吃更加地道。

樟宜机场的吸烟室也不再是一个封闭的玻璃房间，现在有一个露天花园，里面种满了从世界各地收集来的仙人掌，让旅客一边吸烟，一边欣赏这些植物的多样性。

机场内的商铺琳琅满目，甚至连"余仁生"都开了一家分店，卖煲肉骨茶的材料。英文书店里有许多不同的柜子，有小说、经济、计算机等不同的类别，唯独没有幽默类的图书。

地道食品的种类之多，莫过于曼谷机场的泰航候机楼，腌粉丝沙律、青咖喱鸡、烤猪颈肉、拍泰炒粉等等，更少不了冬阴功，像走进了一家高级泰国餐厅。

免税香烟在曼谷机场卖得最便宜，酒则贵了一点，不过泰国土炮威士忌很好喝，汽水般的价钱，不必光顾尊尼获加。

然而，对于东京的成田机场，我一点好感都没有。在堵车的情况下，至少需要坐上两个小时才能到达市区。一提到"成田"这两个字，我就感到心烦意乱，往返一次至少会浪费两天的时间。

成田机场里头的商店也较市区中的逊色，通常日本人很讲究橱窗摆设，但机场中的引不起我的购买欲，皆因对整个印象不佳。

内陆机的东京羽田机场也翻新了，较以前有趣。日本札幌机场是我最喜欢的日本机场。在那里，你可以购买一公斤装的北海道浓郁牛奶，用塑料包装瓶子，怎么敲也不会烂，买几瓶带回中国，这是最佳的手信。札幌机场也出售全日本甚至全世界最贵的雪糕，用干冰包装，24 小时都不会融化。

日本机场的候机楼设施都输给其他国家，我不明白为什么各家航空公司在日本的候机楼都显得那么冷清。日本航空的头等舱候机楼也没有令人满意的美食，虽然啤酒供应充足。日本人最爱喝啤酒，夏天觉得太热，先来一杯；冬天觉得太干，也先来一杯。啤酒，永远有理由照喝不误。

在韩国的机场，任何食肆都有大量供应金渍泡菜，韩国人每天不吃金渍泡菜就会觉得生活不完整，就连西餐或中餐馆也有金渍泡菜，唯独机场的候机楼里没有这种泡菜，可能是因为有些美国人觉得太臭受不了。

台北的桃园国际机场（原称中正国际机场），中国航空公司的候机楼里最有特色的是梅菜包。梅菜切得很细，猪肉是手工剁的，机器剁的肉蒸后会发胀，而人工剁的则会缩小，多汤汁，馅离皮，一看就能分辨出来。国泰航空在台北机场的候机楼里也有这种梅菜包，但味道就不如大陆的。

对于美国的各大城市机场，我没有什么好印象。加州已经开启了禁烟运动，连纽约也跟风，市内的餐馆都禁止吸烟，机场更是不能抽烟，也没有吸烟室。当烟瘾发作时，你只能去机场酒吧，因为根据美国法律，只有酒吧是允许吸烟的，机场的酒吧也不例外。

我经常到澳大利亚的墨尔本机场去，里面有家卖海鲜的店，青边鲍是最受欢迎的手信，店员会用一个塑料盒包装好，方便携带上机。这家店还卖台湾居民喜欢吃的乌鱼子，我一定会买几个一两饼，登机后请空姐给个客碟和刀叉，一片片切薄送酒，一流享受。

中东的迪拜国际机场话题最热门，但鲜少有人提及阿拉伯酋长国的头等舱候机楼，那里有四个大银幕播放娱乐节目及经济和起飞信息。装修豪华奢侈，各个柜位的服务周到，各种食物琳琅满目，唯一缺少的就是猪肉。

国内机场，还有一个值得一提的是汕头外砂机场，那里有卖功夫茶，如果杭州萧山机场也有东坡肉和西湖醋鱼就好了，那样肯定会更繁荣。

到底还是赤鱲角机场（香港国际机场）好，国泰航空的候机楼服务不比头等的差，有担担面供应，还设了一个吸烟酒吧，实在是德政。港龙候机楼中的干烧伊面做得好，有一次没时间吃午餐，到那里连吞三碟，如果能发展成一个饮茶区，相信更能吸引客人，什么虾饺云吞叉烧包，加上猪肚猪烧卖，再来个糯米鸡，实在是好主意。

全世界最好的机场，莫过于德国的法兰克福机场，很多人特地驾车前往游玩。那里就像一个娱乐城和购物中心，你能想到的东西都有，甚至还有一个专门放映无限级片的小电影院。如果再进一步发展，可能会有人体按摩，这也不会令人感到奇怪。

一个完美的蛋

很多富豪朋友有一个共同点，那就是赚到钱之后，不大喜欢山珍海味，倒是喜欢吃家常便饭。

我这一生之中最爱吃的，除了豆芽之外，就是蛋了。我一直在追求一个完美的蛋。

但是，我怕蛋黄。这有原因，小时候过生日，妈妈煮熟了一个鸡蛋，用红纸浸了水把外壳染红，这是祝贺的传统。当年有一个蛋吃，已是最高享受。我吃了蛋白，刚要吃蛋黄时，警报响起，日本人来轰炸，双亲急着拉我去防空壕，我不舍得丢下那颗蛋黄，一手抓来吞进喉咙，噎住了，差点噎死，所以长大后看到蛋黄就怕。

只要不见原形便不要紧，打烂的蛋黄，我一点也不介意，照食之，像炒蛋。说到炒蛋，我们蔡家的做法如下：

用一个大铁锅，下油，等到油热得生烟，就把打好的蛋倒进去。事前打蛋时已加了胡椒粉，在炒的时候没有时间撒。鸡蛋一下油锅，即搅之，滴几滴鱼露后，就要把整个锅提高，离开火焰，不然即老。不必怕蛋还未炒熟，因为铁锅的余热会完成这项工作，这时炒熟的蛋，香味喷出，不需要其他配料。

蔡家蛋粥也不赖，先滚了水，撒下一把洗净的虾米熬个汤底，然后将一碗冷饭放下去煮，这时加配料，如鱼片、培根片、猪肉片，猪肉片用猪颈肉丝代之亦可，或者冰箱里有什么放什么。将芥蓝切丝，丢入粥中，最后加三个蛋，搅成糊状即成。上桌前滴鱼露、撒胡椒、添天津冬菜，最后加炸香的干红葱片或干蒜蓉。

有时煎一个简单的荷包蛋，也见功力。我和成龙在西班牙一块拍戏时，他说他会煎蛋。下油之后，即刻放蛋，马上知道他做的一定不好吃。油未热就下蛋，蛋白一定又硬又老。

煎荷包蛋，功夫愈细愈好。泰国街边小贩用炭炉慢慢煎，煎得蛋白四周发着带焦的小泡，最香了。生活节奏快的都市，都做不到。中国香港有家叫"三元楼"的，自己农场养鸡生蛋，三元楼就专选双黄的大蛋来煎，也没很特别。

成龙的父亲做的茶叶蛋是一流的，他一煮一大锅，至少要四五十粒，才够我们一群饿鬼吃。茶叶、香料都下得足，酒是用 XO 白兰地。我学了他那一套，到非洲拍饮食电视节目时，当场表演，用的是巨大的鸵鸟蛋，敲碎的蛋壳造成的花纹，像一个花瓶。

到外国旅行，酒店的早餐也少不了蛋，但是多数是无味的。饲养鸡，本来一天生一个蛋，但急功近利，把鸡也给骗了。开了灯当白天，关了灯当晚上，六小时各一次，一天当两天，让鸡生两次。你说怎会好吃？用这种蛋炒或者煎出来的味道都淡。解决办法，唯有自备一包小酱油，吃外卖寿司配上的那一种，滴上几滴，尚能入喉。更好的，是带一小瓶的生抽，中国台湾制造的民生牌壶底油精为上选，它带甜味，任何劣等鸡蛋都能变成绝顶美食。

走地鸡的新鲜鸡蛋已罕见，小时听到鸡咯咯一叫，妈妈就把蛋拾起来送到我手中，摸起来还是温暖的，让我敲一个小洞吸噬之。现在想起，那股味道还是有点恐怖，当年怎么吃得那么津津有味？因为穷吧。穷也有穷的乐趣。热腾腾的白饭，淋上猪油，打一个生鸡蛋，也是绝品。但不知生鸡蛋有没有细菌，看日本人早餐时还是用这种吃法。

鹌鹑蛋虽说胆固醇最高，但也好吃。香港陆羽茶楼做的点心鹌鹑蛋烧卖，很美味。鸽子蛋煮熟之后，蛋白呈半透明，味道也特别好。

由鸭蛋变化出来的咸蛋，要吃就吃蛋黄流出油的那种。我虽然不喜整个的蛋黄，但能接受咸蛋黄。将咸蛋黄放进月饼里，又甜又咸，我很难接受，留给别人吃吧。

至于皮蛋，则非糖心不可。香港铺记的皮蛋，个个糖心，配上甜酸姜片，一流也。

上海人吃的熏蛋，蛋白硬，蛋黄还是流质。我不太爱吃，因为取蛋白时，蛋黄黏住，感觉不好。

台湾居民的铁蛋，让年轻人去吃吧，我咬不动。不过，他们做的卤蛋简直是绝了。吃卤肉饭、担仔面时没有那半边卤蛋，逊色得多。

鱼翅不稀奇，桂花翅倒是百食不厌，无他，有鸡蛋嘛。吃炒桂花翅却不如吃假翅的粉丝。

蔡家桂花翅的秘方是把豆芽浸在盐水里，要浸个半小时以上。下猪油，炒豆芽，兜两下，只有五成熟就要离锅。这时把拆好的螃蟹肉、发过的江瑶柱和粉丝炒一炒，打鸡蛋进去，蘸酒、鱼露，再倒入芽菜，即上桌，又是一道好菜，但并非完美。

去南部里昂，找到法国当代最著名的厨师保罗·博古斯（Paul Bocuse），要他表演烧菜拍电视。他已七老八十，久未下厨，对我说："看在老友分上，今天破例。好吧，你要我煮什么？"

"替我弄一个完美的蛋。"我说。

保罗抓抓头皮："从来没有人这么要求过我。"

说完，他在架子上拿了一个平底的瓷碟，不大，放咖啡杯的那种。滴上几滴橄榄油，用一把铁夹子挟着碟，放在火炉上烤，等油热了才下蛋，这一点中西一样。打开蛋壳，分开蛋黄和蛋白，蛋黄先下入碟中，略熟，再下蛋白。撒点盐，撒点西洋芫荽碎，把碟子从火炉中拿开，即成。

保罗解释："蛋黄难熟，蛋白易熟，看熟到什么程度，就可以离火了。鸡蛋生熟的喜好，世界上每一个人都不同，只有用这个方法，才能弄出你心目中最完美的蛋。"

内脏的饮食文化

有一次，台北举行的美食高峰会请来了德国饮食杂志的编辑，她是一位不苟言笑的老妇，看她不敢吃这个，也不敢吃那个，我有点怀疑她对食物是否热诚。而且，德国一向也不是以美食见称的。

她痛恨动物的内脏，要人们少吃这些不健康的东西。哈哈哈，这简直是要消灭中国台湾地区饮食文化。因为，我认为台湾菜，做得最出神入化的，就是内脏烹调。

走进他们的菜市场就知道，猪肝、猪肚、猪肠的价钱比猪肉还要贵，这代表了什么？

中国香港从前也有过这种现象，但当今大家都注重健康了。内脏没人吃不要紧，连煮也煮得退步，这才要命。你到菜市场，看见一副猪脑，问多少钱时，要是小贩看你顺眼，即免费送上。

在美国，内脏更被视为"毒品"，倪匡兄到旧金山肉档买5港元猪肝，小贩笑道："你要5块钱胆固醇？"

但是台湾地区不同，台湾人还是不怕死，拼命发扬他们的内脏饮食文化。

一大早去他们的切仔面档，看玻璃橱窗中充满内脏，点一样，小贩切一碟，叫"黑白切"。

"黑白"，闽南语"乱"的意思，说人"黑白讲"，就是乱讲。"黑白切"将猪肠、猪心、猪肚等乱切一番，加一撮姜丝，淋上浓郁的酱油膏，就此上桌，美味无比。

著名的台湾小食"四神汤"，也少不了猪肠。有时，他们滚了一大锅猪肠，加入米线，汤呈白色，也是美味无比的。

对猪肝的处理，台湾人称第二，没人敢叫第一。小贩摊中卖的"粉肝"，看起来像是滚水烫熟而已，其实是用了很多工夫去筋，又把酱油装进针筒内，打入血管，蒸熟后风干，再切片来吃，口感似粉，故以"粉肝"称之。

张大千住在台湾时也教过女弟子做"蒸肝"，也就是把肝煲个半熟，待凉后磨成粉，隔掉渣，再放入碗中蒸出来，像是猪肝豆腐。可惜做这道菜过程太过繁复，没有餐厅肯花功夫，家庭主妇又懒得做，很难吃得到了。

外国人连猪肝也不敢试，最多是吃几片乳牛肝，而且他们除了煎和烧烤之外，没其他做法。他们的煎牛肝还算吃得进口，但煎乳牛腰就很吓死东方人，因为他们连尿线也不清除，吃了满口异味。要在欧洲待上一段时间，我才会接受这个吃法。

说到猪腰，台湾人做得最为上乘，他们的"麻油腰子"简直是一绝，先把猪腰切半，利刀清除白色筋膜，即俗称的尿线，用水洗个干干净净，抛进冰水中冷却收缩，表面切上花纹后就可以炒了。火一定要猛，把麻油爆得生烟时，即下猪腰，翻兜一两次，下姜丝、盐和米酒，即成。

至于问我哪一家做得最好，我很难答复，像香港的云吞面，每一间店都有水平，所做的内脏，不太会让客人失望。非叫我推荐一间不可的话，那么我会选"高家庄"。

高家庄开在林森北路，就在晶华饭店后面，这次我去参加美食会，每餐上百道菜，再饱也要去高家庄吃内脏。

早去也没用，这家人只从晚上 8 点才开门，一直做到黎明 5 点 30 分。店很小，墙上挂一个牌，写着食物卖出的流行榜五种：红烧大肠、沙拉鱼卵、芥末软丝、红烧肉、高家粉肝。

单单是一道红烧大肠，吃过一次就让人上瘾，像我一样光顾了又光顾。肠的做法是先把它洗得干干净净，只用酱油和香料去煮罢了，一煮就是好几个小时，全靠经验，煮得软熟恰好，且让食客吃到猪肠的味道，实在不易。红烧后的颜色并不黝黑，我怀疑店家在卤汁中加了西红柿，所以才红得那么可爱，名副其实的红烧。

沙拉鱼卵中的"沙拉"，就是香港人叫的"沙律"。其实，这道菜不过是在蒸熟的鱼卵上加些白色的奶油酱而已，但鱼卵又香又甜，不加奶油更好，点酱油膏最妙。

芥末软丝的"软丝"，是台湾人对鲜鱿的叫法。一般鱿鱼的肉都硬，但台湾地区的独有品种很软，故称其为"软丝"。

红烧肉是和大肠一块炮制的，没有什么大道理，吃肉不如吃肠。高家粉肝就做得出奇好，热吃冷吃皆无妨，尝过的人都对台湾地区的内脏饮食文化甘拜下风。

在店中还看到一个大铁锅，煮了白色的粉条，那就是台湾人口中的"米苔目"，其实就是广东人的"濑粉"，但与中山人的"攞粉"更接近。"苔目"是笪箕的缝的意思，把粉团放在笪箕上大力压下，一条条的米粉就挤了出来。汤用猪骨熬十几个钟头而成，去掉油来煮粉条，那么一大锅煮才够味。

到了台北，吃过了高家庄，才感觉票价回了本。

文化与体验

毛衣

天气渐渐变凉，我开始整理御寒的衣服。

打开柜子，我找到了一件卡利根毛衣。毛衣下面有四粒纽扣，一粒双排，专为有大肚腩的人设计。它是英国积家（Jeagar）牌的产品。

我用手抚摸着它，感受到柔软顺滑的触感，穿在身上，感到一阵阵的温暖。虽然胸口和背后已经有几个虫蛀的小洞，但我珍之惜之，每年都会拿出来穿。

这是我父亲留下的唯一一件衣物，我将穿着它直到我离世的那一天。

这件毛衣是数十年前，当我在中国香港的时候，父亲来探望我时，我为他买下的。新加坡天热，父亲并没有穿过它。

父亲每年来港小住，一遇天寒，就穿这件黑色的毛衣，其他时间则将它放在我家里。父亲最后一次离开中国香港，照样把这件毛衣留下了，这里才派得上用场。

入秋时，对我来说一件衬衫再加上这件毛衣已足够。到了寒冬，清晨起身，我喜欢把它反过来穿，把纽扣扣在背后，然后再披上一件丝棉袄，开始写作。多年来，这个习惯从未改变。

不知为何，当年的毛衣质量如此优良，从不起毛球。而如今买到的毛衣，穿了几次就要用剪刀除去起毛的部分，即使它们都是用高品质的茄士咩（Cashmere）制成的，与旧款相比仍有天壤之别。

我一生中买过无数件毛衣，为了追求流行，我也穿过劣质的毛衣。这类毛衣除了外观好看，一点也不暖和。有些甚至会有尖毛戳肉，穿着非常不舒服。从那时起，我也就讨厌樽领式的毛衣，每次都要用手指去拉一拉才能喘气，老罪受够。

V领的毛衣也不好穿，冷风吹入，非得另用围巾打一个结来御寒不可。

我爱穿的是圆领的毛衣，里面搭配T恤衫一件，露出领口，即使毛衣有些起毛，也不会刺到我。我买了很多件圆领毛衣，都是纯色的，有红色、蓝色、白色、绿色，可以和T恤衫的颜色搭配。

　　即使去北海道，我只需要一件 BVD 汗衫、一件恤衫，再加上一件毛衣，最后再穿上一件皮外套，无论多么寒冷都不怕了。到了室内，一件件脱下，直到只剩下汗衫和恤衫为止。

　　在南斯拉夫生活时，我看到一件非常厚实的毛衣，以为它一定很暖，即刻买下。穿了几天，好像挑了担子，愈来愈重，弄得我腰酸背痛。更觉得毛衣非上等茄士咩不可，又轻又薄，像意大利鞋子，穿上之后再也回不了头。

　　近年来，茄士咩成为流行，内地的产品居多，几乎所有的毛衣都声称是茄士咩，不然就是什么羊绒（Pashmina）了。

　　"茄士咩"这个词已经被滥用了。其实，只有生长在海拔 14000 英尺（约 4.27 千米）的喜马拉雅山羊（Capra hircus）的毛才有资格称为茄士咩，而且是羊颈部的毛，腹部的已是次等。新疆那边的也叫作茄士咩，而克什米尔的叫作羊绒，产自同一种羊。羊生活的地方海拔愈高，毛愈细。有一种羊绒只有人类毛发的六分之一粗细，这种羊绒也是全世界最细的天然纤维。

　　藏羚羊和克什米尔的羊被人类大量屠杀，几近绝灭。当今最高质的羊毛已被全球禁止出售，在欧美等地，被环保人士看到，也会像貂皮一样被泼红漆的。

　　我的是数十年前的产品，当年不受限制，没什么大罪。除了毛衣之外，我还有一条三丈长的围巾，用来包裹全身，像一只粽子，绝对暖和。

当今能买到的最高质毛衣，只有英国苏格兰的名牌普林格（Pringle of Scotland）吧？

普林格已有70多年的历史了，总店开在伦敦。它一向是皇室爱用的品牌，有只狮子为商标，在1950年，玛格丽特公主还亲自到该厂参观过。

这块牌子不只是一件毛衣那么简单。在1934年，该品牌商请了有名的设计师创出一套叫"Twinset"的套装，是底面圆领毛衣一件，配上同颜色与料子的外衣，这成了一种潮流。

这个设计到了1955年，出现于英国《时尚杂志》（VOGUE）的封面上，再度发扬光大。影坛巨星如格蕾丝·凯莉和有着"性感小猫"之称的碧姬·芭铎都有穿过，它成为众人争购的产品。直到今天，许多淑女还是爱穿这款套装。

1951年，普林格厂开始为皇室设计高尔夫球装，服装一上市，即刻售罄。到了1964年，出名的阿诺德·帕尔默（Arnold Palmer）也穿了，服装卖得更好。普林格后来才学会设计自己的牌子，但质地差得远了。

近年来，普林格在米兰时装周上不断推出产品，请了电影《星球大战》和《红磨坊》的男主角伊万·麦格雷戈（Ewan McGregor）当模特儿，其披上一条绣着红色大狮子商标的围巾，有款有型。

日本人发明了团团转的织毛衣机器，一次可织成一件衣服，完全无缝。普林格更为淑女们设计了毛衣晚礼服，又轻又薄，身材尽显。

至于这个如此出名的品牌，老板是谁呢？

原来后来普林格是被中国香港的方铿买了去。英国的大公司，经营不善，被外国人收购的例子甚多。有一天吃午饭时，听左丁山兄说，积家牌也在找人收购，没人要呢。

记忆最深的是当年我出国念书时，父亲买给我的那件毛衣，就是普林格的；而我送他的，只是件积家牌的，非常惭愧。但人已去矣，后悔也来不及了。这个故事教育我们，对于亲爱的长者，要送的礼物，一定要最好。就算再贵，储蓄久了，一件毛衣的钱总花得起。

载货老龙

大都会皆有出名的百货公司，像伦敦的哈罗兹、巴黎的老佛爷、纽约的梅西，没有开过代表性的百货公司，都不是大都会，只是普通城市一个。

百货公司这名字也被中国人取坏了。何止百货？百万货都不止！还是英文名的部门分类公司贴切一点。

中国香港到了20世纪60年代才晋升为大都会，开始有日本的百货公司分行，最初是大丸，后来有三越、松阪、崇光、西武等出现。

日本的百货公司，你去惯了就知道它有一个统一的经营模式。

一楼卖化妆品、首饰、丝巾、帽子和雨伞，女人货居多。逛百货公司的，也大部分是女性消费者。二楼和三楼也给女人包了。二楼卖较普通的时装，三楼是高级货。

四楼和五楼才轮到男人的衣着。七楼和八楼是电器、陶瓷、家庭用品、厨房工具、书籍等。九楼是餐厅层，寿司、天妇罗、日本面、牛排及咖啡等。顶楼天台给小孩子玩游戏，也卖些园艺产品。至于地下那两层，不成文的规定是卖食品。大概是百货公司在创立初期，怕肉类或蔬菜一坏，味道影响到其他货物吧？

地下那两层，也是留学生的天堂，一没钱就往这两层钻。各个档口摆着试食的商品，虽然都是不值钱的，像泡菜、鱼饼、面条、糖果，但这吃一口，那试一片，走了一圈，再来一圈。到第三次时，多么有礼貌和客气的售货员，也要给你白眼，所以不能贪心，两次为止。宁愿到其他百货公司，再逛两次，一定吃得饱。

我们在 20 世纪 60 年代光顾东京的各家百货公司时会发现，日本人还不会吃猪脚，卖得便宜，20 日元一大只，当时的 1 美金兑 360 日元，才不到 1 港元。那是一段美好的时光。

买了猪脚拿到家里红烧，煲得一大锅猪脚，酱油是寿司部门免费取来的小包的，糖则由咖啡店奉送，煤气费最贵，但可以让几个同学吃个数天，也值得。

鱼头，日本人除了红鱲 TAI 的，其他都不吃，厨子一刀斩下，就那么扔入垃圾桶里。你只要有礼貌，向这位大师傅叔叔一讨，对方就笑嘻嘻地将整个大鱼头细心包好，装进一个精美的袋子，让你带回去，有时还替你剁开呢。

当地买的洋葱又肥又便宜，下油爆香了，就可用咖喱粉炒到略焦，加牛奶代替椰浆，把鱼头滚熟，就能上桌。大鱼大肉，也花不了几个钱，完全拜赐于百货公司。

女售货员多是从乡下来到大都会工作的，大把女子，被人事部精选，样貌都不会差到哪里去。她们又经过礼仪的训练，都非常客气。如果你买不到心目中要的东西，那么她们可以放下工作，带你走三条街，到另一家百货公司去找。

大多数高级的百货公司集中在银座和日本桥，它们都建于 20 世纪二三十年代。建筑物本身就有很多值得观赏的地方，艺术性的装修风格，更是高雅。

这些百货公司像巨大的恐龙，各占大城市的一角，觅食数十年。市民的年薪虽然愈来愈高，但是生活水平慢慢降低，对于活下去，没有什么要求，日子能过就算了。

外国名牌，一间间成立自己的专营店，年轻人的时装，又疯狂得像一大堆垃圾，百货公司不屑置之，但那才是赚钱的呀。这些"恐龙"，已经老了。

海外的分行一间间倒闭了。银座有乐町的崇光关门时，日本全国震惊了。

好在日本是一个受游客欢迎的国家，而游客一到大都会，没有时间一家家找专卖店。跑进"恐龙"的怀抱，万物皆全，何乐不为？这也是哈罗兹、老佛爷和梅西可以继续生存下去的原因。

日本的百货公司艰苦经营，还是有基本的顾客，因为顾客本身也已老化，整个社会都在老化。

请试着去二楼的女人服装部看看，那些设计保守、老土得掉渣的衣服，也只有日本女人肯买。女人勤劳工作，赚了钱到外国旅行时扫名货，但一年只能一次，或数年一次，普通的周末，还是逛当地百货，买上一两件老土的衣服。

我也爱上这些"恐龙"，每到日本旅行，一定光顾这些百货公司，可能自己也老了。

棉被部门卖的，有极高级的产品，像纯蚕丝的、鹅毛的、手工麻布的，盖在身上，自己享受，也只有自己知道，年轻人不懂。这些除了百货公司，别处也难买到。

陶瓷部有粗糙的陶制佛像、薄如蝉翼的瓷器茶具，都能令人把玩不已。

还有那最诱人的食物部。日本全国名产皆齐，连外国的最高级食品也都能买到。我怀念的是当年的笑容，现在的售货员，就算怎么客气和招呼周到，也不会带我走三条街去买我要的东西吧？

优雅的生活，总有一天绝灭，这些"恐龙"也将会在世上消失。"恐龙"的身边，出现了无数的"小怪兽"，名字叫超级市场和便利店。它们不休不眠，抢尽周围的食物，百货公司的旧址，变成电动游戏中心或柏青哥（Pachinko）波子楼，趁它们还有一口气，快点去光顾吧。

仙人的织品

数十年前，我在印度拍了六个月的电影，当地制片人送了我一份珍贵的礼物，并说："我代表全组工作人员感谢你的信任！你吃我们吃的东西，你没有和其他香港职员一样吃我们特别为他们准备的菜，你尊重我们的文化，我们感谢你。好好地珍惜它，这是人生之中不可多得的。"

这份礼物是一条名为"Shawl"的织物，可供女士用作披肩，供男士用作围巾，宽约1米，长约1.8米。

这件织物薄且轻盈，柔软且温暖。起初，我误以为它是茄士咩材质的，后来才了解到它是由藏羚羊的羊毛织成的沙图什（Shahtoosh）。

"沙图什"一词源自波斯语，意为"皇帝的丝毛"。它由藏羚羊的内层丝毛织成，每根毛直径为 9 微米。1 微米是 1 米的一百万分之一，相当于人类头发直径的五分之一。

每只藏羚羊身上，只能取到 120 克丝毛，但并非全数可用，不知要多少只，才可以织成一条围巾。这样一条围巾又被称为戒指的披肩（Ring Shawls）。世界上，只有这种围巾，才能轻松穿过一个结婚戒指。

多年来，这条围巾一直陪伴着我。在刺骨的寒风中，它包裹着我的颈项，给我带来温暖；坐长途飞机时，我披上它，比任何丝绵被都御寒。

经过多次使用后，清水洗净晾干，它依然光滑如新，没有褶皱，也不会缩水或变松。对于一个经常旅行的人来说，这是一件珍贵的宝物。

随着经济的起飞，沙图什这一皇室和贵族的专属，如今也开始进入民众的购买范围。富豪和名媛们争相购买，导致对沙图什的需求日益增加，屠杀藏羚羊也随之而来。

20 世纪初，藏羚羊数量超过 100 万只，但它们不断遭到盗猎者的杀害，到了 20 世纪中期，仅剩下 75000 只。在被猎杀后，它们的皮毛被带到克什米尔纺织，因为只有这个地方的织工技艺纯熟。

国际组织开始禁止沙图什的买卖，以保护藏羚羊这一濒临灭绝的动物。然而，非法买卖并未停止。这证明了克什米尔从未在意国际组织的禁令，继续从事沙图什的纺织业。

沙图什围巾是珍贵的商品，如今顶级的沙图什围巾售价可达1万美元一条，普通款式也要3万港元一条。

你只要有钱，有门路，照样可以买到沙图什。披在身上，亚洲人或许不会识别出它，还可避过没收，但一遇到欧洲、美国海关，分分钟有权没收你这七八万港元的东西。这还不算，碰到了环保分子，抢劫泼漆事件，亦多有发生。

即便没有人注意到，但心中总有一丝阴影。戴着这样一条围巾，让人不禁想到为了获得它，有多少藏羚羊被屠杀。特别是看过《西西可里》这部电影后，更是令人心生怜悯。

当然，我们可以大声呼吁放弃沙图什，选择用大量养殖的普通西藏羊的羊毛制成的羊绒围巾，价格合适，获取便捷，何乐不为呢？

但一旦你披上沙图什，就再也无法回头。即使再好的羊绒围巾也无法满足你对极致品质的追求。那么，应该怎么办呢？

答案就是小羊驼（Vicuna）。

小羊驼是一种生长在南美洲的驼马，身高3英尺（约0.9米），苗条的身躯，长长的脖颈，两只又长又尖的耳朵和大大的眼睛，非常可爱。它的体重只有 100 磅左右，与少女体重接近。因此，古代的印加族人称其为"安第斯的公主"。

小羊驼很可能是骆驼演化出来的品种，大多生活在秘鲁的高山之间，能在 13000 至 19000 公尺（约 3962—5791 米）的高山灵活地跳跃，因为它的血液含糖量极高，能令它吸收更多的稀薄空气。

和人类一样，它也经过怀胎十月。初生的小羊驼，15 分钟之后就能和母羊驼一起奔跑。小羊驼一生自由奔放，从不驯服，也不能用人工繁殖，否则丝毛的质地即刻变粗。

在印加极权年代，用小羊驼的绒毛制成的衣服，只有皇帝和贵族才有资格穿。捕捉小羊驼的方法是在夏天启动两三万人，分散为一大圆圈。随着慢慢向它们走近，圆圈越缩越小，最后小羊驼被包围。活动由皇帝亲自监督，四年才举行一次，偷盗者会被斩头。

抓到小羊驼后，把最年轻的小羊驼的毛剪下，每一只两年一次才能采取到 8 盎司（约 226.8 克）的丝毛。一件大衣，要用到 25—30 只小羊驼才能织成。

小羊驼比藏羚羊的命运还惨，在 14 世纪有 100 万只，100 年后已剩下几千只，但到了机枪发明后，已只有 500 只了。

在 1975 年的《濒危野生动植物种国际贸易公约》（CITES）中，小羊驼是最受保护的动物，禁止它的丝毛的一切买卖。但秘鲁是一个贫穷的国家，丝毛带来的收益能够养活不少人口。而且，在计划下已成功地让野生的小羊驼的数量增加到几万只，秘鲁政府在 1987 年开始向世界自然保护联盟申请贩卖，得到允许后即刻举行国际比赛，看看哪一家合伙公司够资格来接管纺织的工作。

最后由意大利的诺悠翩雅（Loro Piana）中标，它是一家始创于 1812 年的公司，专门制作全球最好的毛织品，以设计优美、穿着耐久见称，从不跟流行，只求质量。

经过数十年的禁止，小羊驼围巾终于能够卖到消费者手上。不像 LV、爱马仕或其他时装名牌，知道诺悠翩雅的人并不多，它也制造大衣、夹克、恤衫、裤子等服装。虽然价钱不菲，但是我们可以正式、公开地围上一条仙人衣料的围巾，已不枉此生了。

穿衣的乐趣

日本的夏天，吃 7 月底最成熟的水蜜桃，泡泡温泉，与下雪时又是不同的味道。起来，一身汗，喝一杯冰冷的啤酒，听听周围树上蝉鸣。

勾起一段回忆，四十年前看过一部石原裕次郎的电影，他在夏天穿了一套和服，薄如蝉翼，心中大赞："天下竟有此般美妙的东西!"

后来我才知道这是一种叫"小千谷缩"的麻质布料。早在一千多年前,它就极为日本人所推崇。

"小千谷"是地名,所谓"缩",则是一种传统的织布法,其织造技艺在昭和三十年(1955)被列入日本重要非物质文化遗产。

哪一个牌子的小千谷缩做得最好呢?这不重要,织物要经过严密的审查才能打上"小千谷缩"的标签,须满足以下五个条件:

第一,原料一定要使用手撕出来的苎麻。

第二,编织需要手工,不靠机器。

第三,只许可用传统的木架织布机纺织。

第四,除去线上的凹凸,只能用水冲洗,或用脚踏平。

第五,必须在雪上晒干。

自古以来,越后新潟的农村女子,到了冬天雪季不能耕种,就在家里织布。将苎麻浸水后一条一条剥成线的过程已需一个月的时间,纺织时屋中不可烧火炉,否则影响纤维的伸缩,织好的布在雪地上洗晒,也是同一个道理。麻条制成布匹后,揉之又揉,使纤维收缩,卷曲起来离开皮肤。

用这种技术织出来的布,质地柔软,但非常挺括。在透凉感、水分的吸收和发散、白度、光净、坚韧上面,苎麻都比南方人惯用的亚麻强得多。

小千谷缩算是世上最完美的麻质布料，你只要穿过一次，就上瘾了。

织成的布料摩擦在身上的感觉，是种无法言说的享受。伊豆修善寺的温泉旅馆，就用全白色的小千谷缩来做被单和枕头套，非常豪华奢侈。

这回带了老饕旅行团来冈山吃桃子，前后两回一共在日本住上十天，够时间在大阪的高级和服店订制一件。

小千谷缩做的和服近于透明，得穿上一套内衣才不失礼。通常日本人会在上身穿一件内衣，领子和袖子的颜色衬外衣，中间是白的。

我选的外衣是深蓝色的，问裁缝师傅："为什么中间要用白色，全套都是蓝的不行吗？"

他回答："白色，才能把材料衬托出来，让人家看得出是小千谷缩。"

另外要配上一条内裤，长度能盖住膝骨。日本人称为"舍子"（Suteteko）的，它也是棉质的居多。

腰带可用扁平的，我喜欢近于黑色的 12 尺（4 米）丝带，卷成数圈缠于腰中。

一般和服的腰带绑起来的结容易松掉，为什么有些人的带子绑得那么结实？原来穿上身内衣时已有另一条带封住。穿上外衣，内层又加一条，最后外层才缠正式腰带。

拖鞋或木屐任选。要正统的话，还是得穿江户时代公子哥儿流行的雪驮（Setta）。皮底，插着一条钢条，走起路来发出金属声音。

夏天不可缺少的道具是一把扇子，普通的日本折扇太小，没看头。用一把葵扇吧，扇上加网，令它不散，再添上一层薄漆，才不穿孔。选把鲜红色的，够悦目。扇子不用时，可插在腰带背后。

小千谷缩衣绝非夏天洗完澡后穿的夕云浴衣（Yukata）可比。夕云只能穿着在街上散散步，难登大雅之堂。这一套和服可以出席任何场面，非常大方。

织小千谷缩的工匠愈来愈少，政府拼命培养，但哪个年轻人肯在没有暖气的屋中织布？虽然尼龙可以代替，却一下子就露出马脚。

"小千谷缩那么好的料子做外衣，为什么内衣却是用普通的棉织料？"我问那个和服专家。

他说："我们日本人穿衣服是穿给别人看的。"

"那么你用蓝色的小千谷缩来替我做内衣吧，别人看不看得出不要紧。"我说，"但是这合不合传统？"

"不是合不合的问题。"他回答，"衣料不便宜，没有人那么要求过。"

岂有此理！自己感觉好才最重要，不用管人家怎么看。

记得丰子恺先生谈起他老师弘一法师李叔同，说他是风度翩翩的公子哥时，整套挺括的西装，当了教师穿的是合身份的长袍，做了和尚，写信请人做袈裟，尺寸写得清清楚楚，绝不含糊。是什么，穿什么，像什么。

洋人着唐装，男人总像功夫片配角；女人穿旗袍，衩开得有如欢场女郎。看得人摇头不已。

我们到意大利最好穿英国西装，到英国穿法国的。着日本和服，非但穿得要像样，还要穿得比日本人好，一乐也。

写经历程

你心烦吗？

吃药没有用，看心理医生更烦。最好的解决方法，莫过于临摹《心经》。

有人会说："什么？用毛笔？我已经几十年没抓过了。"

用什么笔都好，只要坐下来写就行，但是尽可能用毛笔，就算你已生疏了，也不要紧。有种写经纸，让你铺在《心经》的原文上面，你只要抓着毛笔，一笔一笔临摹就好了。

写多了，你就可以把原文丢掉，用自己的字体去抄。

至于毛笔怎么抓，当今已有一套理论，推翻了从前老师的死教条，你要怎么抓就怎么抓，随你便，没有规定的姿势，你自己觉得舒服就是。这么一说，放心了许多吧?《心经》的精髓在于"心"，要先将心放下。

如果你已经克服了抓毛笔的心理障碍，但又不想照我上面讲的方法去临，那么看看我近来写经的过程吧。

要临摹谁写的《心经》呢？当然是我们最敬仰的高僧弘一法师的了。也许有些人认为他的字造作，故意写成"和尚字"，但我并不如此认为。弘一法师未出家之前临魏碑，功底很深，又学过宋人黄庭坚的字，写出来的更是潇洒。他当了和尚之后选择的字体，只不过是像他学佛一样严谨，一笔一画都恭恭敬敬，是他一丝不苟写出来的结果。

所以要临《心经》，最好是用弘一法师的字去练。

但是，弘一法师写过的《心经》原稿不知在何方，复制的印刷品，字很小，看不出用笔，只得一个形罢了，但照此摹之，亦无妨。

我较苛刻，从法师写过的各种大字经文和一些《嘉言集》中，一个字一个字影印出来，再放大或缩小，集于一张纸上，过程令我想起怀仁和尚所集的《集王书圣教序》。

弘一法师写的《心经》，每行十个字，一共有二十六行，加上《般若波罗蜜多心经》的题目，是二十七行。

临摹弘一法师的《心经》，我起初计算每行字数，以及有多少行，然后再用红笔画格子，过程甚为繁复，未书《心经》之前，已气馁。

有一天，到上环的文联庄去，看到有一张给人铺在纸下面的薄棉被，上面竟然印着"写经用"三个字。原来格子已印好，每行十格，一共有三十七行，让书经者在前后有空位题字或写书经日期，以及回向给谁，等等。我只要用一张普通大小的宣纸，将它折半，切开，铺在这张画了格子的薄棉被上，就能即刻临摹了。

对于《心经》，许多中国人和日本人将"般若波罗 mì 多"之中的"mì"字写为"蜜"。一看字形，联想至"虫"，或者"糖"来，对原文甚为不敬，既然这只是梵语的音译，为什么不作"密"呢？有神秘、保密的字义，更贴切，我非常同意弘一法师的用法。

也有人批评弘一法师所写的《心经》，在字体上没有什么变化。临多了才知道每一个同样的字都各异。但是，这已是小节，变化与否，不要紧。有变化亦可，无变化亦可。最能解释得清楚的，莫过于弘一法师自己说的："朽人写字时……于常人所注意之字画、笔法、笔力、结构、神韵，乃至某碑、某帖、某派，皆一致屏除，决不用心揣摩。故朽人所写之字，应作一张图案画视之即可矣。"

我们在还没有功力将书法写成一幅图案画之前，不必管重复不重复，尽量去临摹即行。如果再那么用心良苦，又是心烦的问题了。

临弘一法师书法也行，临其他老和尚的字也行，篆、隶、草、行、楷，都不要紧。

当然，在中国书法家的《心经》中，我们还是可以学到许多字体上的变化的。在《集王书圣教序》后面，怀仁和尚同时集了王羲之写的《心经》行书，这也是十分珍贵，且非常值得临摹的作品。

欧阳询贞观九年（635）的楷书《心经》，也是典范。

清末刘墉的行书《心经》写得随意，邓石如写的篆书《心经》，也是我临摹的对象。

全文二百六十字的《心经》，内容你看得懂与否，并不重要，只要念念、抄抄，心自然清静了。

日本人的习惯是，将《心经》分为十七八字一行，一共十六行。他们的写经纸也大多数用这种规格去订，如果有兴趣买来用用亦无妨。写完《心经》，已知心无挂碍了，没有什么中国人和日本人的分别，大家都抄同一种《心经》，格式相异，又如何？

等到把抄经的基础打好，就可以玩了。

怎么一个玩法？

在扇面上写上"涅槃"两个大字呀，要不然，在横匾上写写"三藐三菩提"，亦甚飘逸。

但是，抄《心经》的最大好处，是在家人和朋友有病难，自己感到无奈时，写来回向给他们，这是真正的"以表心意"了。

抄经

抄《心经》是接触佛教最便捷的一条大道，《心经》全卷虽然只有二百六十个字，却为全部般若学说的核心。字数虽少，却蕴含最深刻的含义，流传广泛，诵习众多，影响深远，是佛教最基础、最核心的一部经文。

与《心经》邂逅与否，全凭缘分，得知便是福，识之便得安详。这短短二百六十个字，多年来有多少人试图译解，甚至写了数万字的书来阐释，但都只是画蛇添足之举。

对《心经》不了解？没关系，无须了解，阅读它可以使内心安宁，消除烦恼，你还能找到比这更好的经文吗？

念经是好的，抄经更佳。

怎么抄经？文具店里有许多工具可供选择，最简单的是已经印好的经文，你可以用一张薄纸盖在上面，用毛笔照抄即可。更简单的方法是，我们先把字体留空，然后用墨汁填上去。在日本，许多寺院都设有抄经班，由和尚指导，参加后可以获得一两个小时的宁静。

如果你对书法有兴趣，那么抄经是进入书法学习和研究的好方法，这将提升你的心灵境界。

我的老师冯康侯先生教导我们，书法有许多字体，其中最通用的是行书。学会行书后，你可以脱胎换骨，写一封信给家人或朋友，这比其他任何表达情感的方法都高级。

行书怎么入门？莫过于学书圣王羲之，而经典中之经典，是《集王书圣教序》。你可以买一本来临摹，而在这本帖中，就可以找到王羲之的《心经》。

后人抄经，都受到了王羲之的影响，他的书法影响了中国人近两千年。临摹他的字，不会出错。有些人说，王羲之的《心经》是用行书写的，因此抄经时应该焚香沐浴，端坐于桌前，一字一字地书写，以示敬意。

对真正了解佛教的人来说，一切无须拘泥。如果你认为楷书更好，就用楷书写吧。但楷书应该临哪位书法家的帖呢？了解之后，你会发现，原来不止你一个人，我们的先人中有很多人也抄写过《心经》。

从唐朝的欧阳询，到宋朝的苏东坡、元朝的赵孟頫和明朝的傅山，再到近代的溥儒，他们都规规矩矩地用楷书写过《心经》。其中最正式的莫过于清朝乾隆皇帝，他的字写得端庄规矩，但自然也缺乏变化。

如果你想用楷书写《心经》，那么这些书法家的字体都要学习一遍。为什么呢？因为我们写字多了，就希望有所变化。《心经》中出现了很多相同的字，比如"不"字出现了九次，"空"字出现了七次，"无"更是多达二十一次。因此，在追求变化的过程中，你可以读其他人写的《心经》，从中学习。

写经的确是刻板的，写经并不需要变化。有些人说，弘一法师写的《心经》字体都很相似，这是他没有刻意追求变化。但其中也有变化，只是不是刻意为之。这是书法的另一层次。

临弘一法师的《心经》，如果临得产生兴趣，就可以从他的李叔同年代临起。他最初写的是魏碑，后来出了家，发现魏碑棱角过多，才慢慢研究出毫无火气的"和尚字"来，过程十分有趣。这种字临摹得多了，味道就会逐渐浮现。

除了楷书，还有行书。临摹完王羲之的字体后，可以继续临摹赵孟頫、文徵明、董其昌和刘墉的行书，每个人的行书都有所变化，都有自己的风格。

使用篆书写《心经》的例子并不多见，代表作有吴昌硕和邓石如的。在临摹不同书体时，我发现最有趣味的是草书。

草书已经像金文和甲骨文一样逐渐消失，今天能看懂草书的人不多。实际上，草书的结构并不像想象中那么难学。理解了草书，你会进入古人的世界，体会行云流水般的境界，感觉非常舒适。

然而，我依然担心很多人无法欣赏草书，因此我在学习草书时，更多地选择家喻户晓的诗句，另外用草书来写《心经》。学过的人一看就能知道那个句子是什么，写的是什么字，原来可以这样写，越看越有味道。

用草书写《心经》的例子历来较少，其中有唐朝的张旭和孙过庭，还有近代的于右任。最好、最美的草书《心经》应该是元朝的吴镇写的，虽然是书法，但简直像一幅山水画。

过去要找到那么多人写的《心经》几乎是不可能的，但今天已经有很多出版社搜集整理了。初学者可以购买河南美术出版社的"中国历代书法名家写心经放大本系列"，但临摹时想看清笔画的始末和交错，最好购买更精美的版本。当今有线装书局出版的《心经大系》，使用高清图像复制原本，共收集了十六件，非常值得购买。可惜其中少了"八大山人"的行书和皇象的章草，以及米芾的行书和孙过庭的草书。还有广西美术出版社的《历代心经书法名品集》，多收录了明朝张瑞图的行草和沈度的楷书、清代邓石如的篆书和近代溥儒的楷书。江西美术出版社还出版了一系列《历代名家书心经》，版式精美，网上随时可以购买，别再犹豫了。

我们喝白兰地的日子

20世纪七八十年代，我们一坐下来吃饭，一瓶白兰地往桌子中间一摆，气焰万丈，大家感到自己是绿林好汉，都要醉个三十六万场。

有条件的多数喝轩尼诗XO或者马爹利蓝带，然后是拿破仑酒等，就算是旺角的夜宵，也有一瓶长颈FOV，此酒在早期甚被珍惜，后来才沦为次等。

六七个人一桌，一瓶白兰地只能令饮者略有醉意，大多数要喝上两三瓶才能称得上"过瘾"两个字。

从人口比例来看，香港是全世界喝白兰地最多的地方。制造商一面大乐，一面看到我们兑冰掺水，大为摇头。

忽然，我们不喝白兰地了。不止白兰地，连其他烈酒也喝得少了，虽说红白餐酒流行起来，但看身边的人，已经全部滴酒不沾了。香港人一听到猪油就怕，喝酒也是同一道理，大家怕死，怕得要命。

有一天送倪匡兄回家，大家谈起喝白兰地这件事，都大摇其头，说："香港人，豪气失去了。"

从前，上倪匡兄家坐，手上一定有支白兰地当礼物，其实自己也要分来喝，喝着喝着，一瓶就干完，他要到书房再拿一樽半瓶装的蓝带出来，这样才算满足。

很奇怪，倪匡兄认为蓝带白兰地，半瓶装比一瓶装的好喝得多。我不会品尝，也没做过比较，只是相信他的话罢了。

在做《今夜不设防》那个节目时，有马爹利 XO 和豪达（Otard）XO 两家赞助，打对手的产品在桌子上同时出现，代理商也不在乎，这也许是喝酒喝出豪气来了。

倪匡兄和黄霑见到有马爹利，要先喝它，我觉得对不起豪达，于是我一个人喝。代理商看到了这个小动作，送了两箱给我，共二十四瓶，我只拿了四瓶，其他的给他们两人分去。

节目一录两个小时，剪成四十分钟。节目录制的第一个小时是用来热身的，和嘉宾们一起喝白兰地，到了有点醉意的第二个小时才正式开始，前面的都剪掉。

三人之中，倪匡兄酒量最好，黄霑最差。两小时之中，倪匡兄一人要喝一瓶多一点，我半瓶左右，黄霑几杯就要开始脱衣服，他醉了就有这个毛病。

倪匡兄与我一直保持着这分量。一次从墨西哥飞旧金山探望倪匡兄，他拿出两瓶珍藏的马爹利 EXTRA，我租了一辆由女司机驾驶的大型长车，打开天窗，露出头来，各自"吹喇叭"，这是我自己干掉一瓶的纪录。

我母亲的酒量要比我们都好，她两天喝一瓶白兰地，只喜轩尼诗 XO，一买就是几箱，永不那么寒酸地一瓶瓶购入，老爸把母亲喝过的瓶塞收集起来，用水泥堆成一堵墙。

在日本那段日子，我喝的尽是威士忌，因为日本人没有喝白兰地的习惯，很难买到。回到中国香港，见大家吃饭都是一瓶瓶的白兰地，我对自己说："要是有一天我也爱上白兰地，那就可以真真正正成为一个香港人了。"

果然，白兰地后来成了我生命中不可分割的一分子，家中白兰地从来没有断过货。我也和母亲一样，爱上了轩尼诗，每次返家探母，都从柜中拿出一瓶当手信。

我已不能像从前那么狂饮。倪匡兄也说自己喝酒的配额已经用光，但好酒的配额还在。的确，他的酒量是减少了，人家送他的佳酿，一瓶瓶摆在柜子上，看看而已。

我们都怀念喝白兰地的日子，红酒虽佳，但倪匡兄总觉得红酒酸溜溜的，要喝很多才有酒意，不像白兰地，灌它几口，即刻飘飘然。

很想看到白兰地恢复从前的光辉，收回市场的失地。威士忌固佳，但也不能被它淹没。

好酒到了某个程度，都是净饮的。白兰地和威士忌一样。一大口灌下，一股热气直逼肠胃；慢慢喝，感觉则像一段段的喷泉，也有同样的感受。

只有这种烈酒，扳开瓶塞，香味四溢。红酒，只能把鼻子探进玻璃杯，才闻到气息。白兰地和红酒，一刚一柔，截然不同，不可比较。

外国人在饭后才喝，用手暖杯，一小口一小口呷。我们的性情比他们豪放，饭前、饭中、饭后，甚至空肚子，都能喝，就算加冰加水，也是一种喝法，不能像外国人那样墨守成规，不必为之侧目。

如今酒量浅了，要不就喝得少，要不就加冰和苏打，像威士忌一样喝，自己没觉得有什么不妥就是了，反正不是别人请客，想怎么喝就怎么喝。

深信身体之中有一个刹车的功能，如果喝下去不舒服，不能再接受酒精，便甭喝了。在身体还能享受时，多多少少都要喝一点，朋友们都说不如改喝红酒，我总是摇头。

陪伴我数十年的白兰地，已是老友，红酒如同情人，遇到好的，偶尔来之，两者之分，止于此。

脑中出现一个画面，在幽室之中，斜阳射入，桌上摆着一瓶白兰地，倪匡兄与我，举着圆杯，互相一笑，一口干之。

白兰地万岁！

我们吃鱼的日子

和倪匡兄一起谈吃鱼，是我最快乐的时刻。当年在世上，大概没有一个人像他那样懂得吃吧？那些年，他在小榄公、北园等餐厅，专点七日鲜和老鼠斑，偶尔有侍者上来问："倪先生，来条苏眉如何？"

倪匡兄低叹一声回答："那是杂鱼呀。"

现如今，就算是杂鱼也成了贵鱼，至少还有。

倪匡兄说："那一群黄花鱼游过来，整个海变成金黄色。抓到的黄鱼，都是没有尾巴的。"

"为什么？"我诧异。

"鱼太多，没东西吃，只有啃前面的鱼的尾巴。"

然而，现在黄鱼已被吃得绝种，偶尔找到一两尾漏网之鱼，也要卖到两三千元人民币。市场上看见的大多是饲养的，肉无味，颜色看上去很黄，回去一洗，变为灰白，实为小贩们染色上去的伎俩。

如果要吃真正的大黄鱼的话，韩国和日本还有，那里的黄鱼也分为几等，高级的在韩国也卖得很贵，但还吃得到，算是口福。日本人把大黄鱼叫作"石持"（Ishimochi），因为大黄鱼头上有块石头般的骨头，是其他鱼所没有的。在中国，它的原名叫"石首鱼"。日本人不会吃，这是因为这种鱼一捕捞即死，不能当刺身。若在公海上抓到了，就和中国渔民交换鸡泡鱼，即河豚。这种有毒的河豚，我们经常不要，但日本人认为是天下美味。这一来，两者皆宜。

记得我在日本当经理时，邵逸夫先生一来，一定到帝国酒店旁边的一家小中华料理叫大黄鱼吃。那里的大黄鱼肥大，一鱼三吃：把肉割下来了，炸条；头和尾红烧；骨头拿去加雪菜滚汤，色乳白，上面还浮着一层很香的黄色鱼油呢。

郁达夫先生一直形容他家乡富春江的鲥鱼有多好吃，如今也被我们吃得精光了。如今在上海馆子吃到的，都来自马来西亚。有的运到内地，再从内地运到香港，样子很像，但鳞下没有那层油，啃鳞吃根本是多余的。有天晚上和倪匡兄在上海总会吃饭，主人叫了一尾鲥鱼，倪匡兄的筷子动也不肯动一下。

说到吃鱼，我想香港人是全世界最会吃鱼的人了。我们不只会吃，也花得起腰中钱。比起日本人，我们吃的鱼品种更多。他们吃肉的历史也只有两百年，从前都是以吃鱼为主。但他们吃来吃去，只是金枪、油甘、鲷鱼、鲈鱼、银鳕鱼、鳟鱼和三文鱼等，花样绝对比不上香港人吃的。

我们不只吃鱼，还要吃活的。蒸鱼的本领，如果说香港第二，没人敢称第一。台湾人起初来香港，看到水缸中养的是游水鱼，都傻眼了。伙计拿出一尾蒸鱼来，他们看到骨头还粘着肉，还叫人拿回去再蒸呢。后来他们餐厅中一尾蒸鱼上桌，下面还点着火来煲熟，那种吃法，不老才怪。

别说台湾人没有香港人那么挑剔，整个中国，也没有哪个地方的人比香港人会吃鱼。虽然说法国在烹调技巧上历史悠久，且记忆又是最为高超，但一说到鱼，简直是幼儿园的学生。

洋人吃来吃去都是鲈鱼、银鳕鱼、鳟鱼和三文鱼。蒸当然不会，只懂得煎、煮和烧。意大利人有盐焗的做法，已算绝技。他们吃鱼，一定加些酸乳酱，也喜欢用番茄酱。其实他们什么都加番茄酱，如果把番茄酱从西洋料理中拿掉，他们的菜就不成菜了。虽说不是明文规定，但他们吃鱼时总爱挤柠檬汁进去，认为不这样做，鱼就会腥。真是岂有此理！你别以为我乱骂人，看看一些洋人的电视烹调节目就知道，没有一道鱼肴是不下柠檬汁的。

幸运的香港人，还可以在流浮山吃到野生的黄脚鱲。怎么形容这个味道呢？我只能说，那种香味，在厨房中蒸的时候，客厅里已能闻到。倪匡兄一吃，手掌般大的，可吃十尾。这是上天对他的报答。倪匡兄住在旧金山十三年，从来就没再试过一条好吃的鱼，他说旧金山的游水石斑，吃起来还有渣。渣是什么？那就是肉中很粗的纤维，咬也咬不烂。倪太听了，对他说："你把鱼当成鸡好了。"

当今的老鼠斑，已不是中国香港沿海的了，全由菲律宾进口，有其形无其味，至于真正的老鼠斑是怎么一个味道，倪匡兄说："有股幽香，像燃烧沉香一样。"

我自己已不太吃鱼了。住在清水湾邵氏宿舍那段日子，整天往西贡跑，和鱼档混熟了，好鱼都留给我吃。倪匡兄一到，还叫海鲜馆子替我们准备一大尾墨鱼，吃生的，那时日本料理尚未流行，邻桌的人看到眼睛都凸了出来。

我也生过病，开过刀，休养时，一说吃鱼有益，每天都吃鱼，吃得有点怕了。游水鱼再也不能引诱到我，去流浮山吃黄脚鱲时，也只浅尝，留着给倪匡兄吃。

到韩国旅行时，见有大黄鱼，我也请饭店替我们烧，吃一小口。遇到未试过的，像盲鳗，那是一种眼睛和骨头都退化的鳗鱼，也会多吃。去顺德时，河鱼总让我开怀，尤其遇到全身肥膏的鲇鱼。现在吃鱼，认为只有肥大的才过瘾。日本的鳗鱼饭是我所爱的。镛记的鱼缸中的几条大花鳝，也能吸引到我。要了头部，用来红烧或煮天麻汤，再好不过。吃海鱼的日子已逝，河鲜的配额还有大把。

SPA

"SPA"这个词从哪里来的呢？这个词源于比利时的一个小镇"Aquae Spadanae"。据说，该地拥有高级度假村和矿物质温泉，因此得名 SPA。

古罗马时代就有"Aquae Spadanae"小镇，小镇上的豪华浴场，拉丁名"Spadanae"代表了"散开、喷水和浸湿"的意思。

一提到 SPA，我们立刻联想到大水池、泥浆浴、温泉、各种按摩，涵盖身体、脸部和脚底护理、香熏、减肥程序、冥想课程和修指甲等。

然而，这个词一直没有正式的中文译名，虽然勉强可以称为"水疗"，可一听到"疗"这个字，就会联想到治疗，与身体上的享乐相悖。与此相比，英文中的SPA则已经在社会上广泛使用，有时候不翻译反而更好。

SPA在亚洲的流行离不开曼谷的文华东方酒店，这是第一家拥有规模SPA设施的酒家。酒店对面的多个房间提供休息、冲凉和按摩服务，服务员是经过泰式古法按摩训练的少女，服务一流，态度亲切，手法十分熟练，试过的人都大为称赞。

然而，SPA并不便宜，全套服务往往比房费贵一倍还多。其他酒店见此生意兴隆，纷纷效仿，好像没有SPA设施就显得不够高级。商业旅行高峰期，每个CEO（首席执行官）或其他行政人员都认为SPA可以消除时差，翌日精力充沛地完成一单交易。

见猎心喜，其他商家也一窝蜂开设酒店之外的SPA公司，以较低廉的价格吸引顾客。在泰国做过一次SPA的人往往会上瘾，看到这样的服务就想尝试。这个行业在东南亚国家纷纷崛起，在中国也尤为盛行，有如同脚底按摩的燎原之势。

然而，需要知道泰国是佛教盛行的国家，女性有着敬佛祖和父母的传统。与其他地方相比，她们对待服务的态度大有不同，到其他国家做 SPA，往往会让人感到不满。

一般客人看了价钱表之后，多数选两小时疗程。开始之后，服务员慢条斯理地为客人准备一缸水，让客人自行泡脚约十五至二十分钟，这是自助服务的一部分。之后给客人擦身，然后问客人是否需要做脸部按摩。

客人点头后，按摩又要耗费近一小时，剩下的时间只够洗个澡，没有太多时间进行按摩了。

聪明的客人会立刻让工作人员开始按摩，但在按摩的时候，工作人员东搓搓、西搓搓，谈不上专业的按摩，工作人员还会拼命地问："力道够不够？不够请你说出来。"

即使客人出声也没用，按摩的力道还是那么软绵绵的。所以，如果去泰国之外的地方，最好不要选择 SPA，效果并不显著。

当然也有例外，如果你在当地长期居住，可以尝试不同的 SPA，找到一位真心为你提供服务的女技师，与她建立好的关系，并适当给予小费，这样才能获得有效的 SPA 体验。

此外，泰国女技师并非都一样，随着这个行业的迅速发展，有本领的女技师逐渐分散开来。不少技师表现得懒散，只是随便搓搓。如果想体验真正的 SPA，应选择出名且信誉较好的 SPA 店，虽然可能收费较高，但至少不会浪费时间和金钱。最好在开始按摩前先给小费，也许效果会更好，总之给小费总比不给好。

相比其他国家，韩国的 SPA 是一种另类体验，是一种粗鲁的方式，但韩国人自尊心强，既然你给了钱，就要提供服务，不会偷懒。因此，我更喜欢在韩国做 SPA。

在日本，SPA 被称为 "Esute"，源自审美的概念。从前，日本女性也有为男性提供服务的传统，但随着经济的发展，女性地位提高，不再从事这种工作。日本经济泡沫破灭已有几十年，现在日本女性也愿意出来为客人提供 Esute 服务，但技术始终不如专业的 SPA 技师。如今在乡下的温泉旅馆，他们找到韩国女技师来提供擦背和按摩服务，虽然价格不贵，但效果还是可圈可点的。

印度尼西亚女技师的服务也不错，我曾经体验过宫廷式的按摩，意外地感到非常满足。然而，这样的女技师数量较少，有些少女从乡下来，经过良好的训练也许会表现出色，但如果碰巧遇到不好的教练，技术可能仍然不够高明，只是随便搓搓罢了。

中国香港的各大酒店也都有 SPA，但价格可贵得让人吃惊，而且并不一定有好的服务。如果能找到熟悉的技师，也许物有所值。香港的女技师一般非常专业，为了保住工作，不会敷衍了事。

真正的 SPA 应该是从古希腊和古罗马传承而来的，水池

要有充足的空间，池边还可躺下休息，吃整串的葡萄。池水中
应含有矿物质，池水最好是温泉水。中年女技师为客人提供强
力的擦背服务，灵巧的少女则提供细致入微的按摩，有香熏、
热石按摩以及额头滴油等多种选择。

　　这样的设施目前只有匈牙利的布达佩斯仍然存在，可惜
当地的按摩女技师技术尚有不足。如今，匈牙利不得不引进泰
国技师来弥补这一缺点。最让人高兴的是，付账的时候并不会
感到昂贵。大家一起去匈牙利做 SPA 吧！

关于清酒的二三事

　　日本清酒，罗马字作"Sake"，欧美人不会正确发音，他
们念作"沙基"。实际上，这个"ke"在闽南语中读作"鸡"，
而国语并没有相对应的发音，只有学习日本五十音才能正确
念出"Sake"。

　　清酒的酿造方法并没有想象中的那么复杂，大致和中国
的米酒制作相似，先磨米、洗净、浸泡、沥干、蒸熟，再加入
曲饼和水进行发酵，最后过滤就成了清酒。

　　在日本古老的方法中，使用大型的锅煮饭，然后将煮熟
的米放入像人一样高的木桶中，酿酒者站在楼梯上，用木棍搅
匀曲饼，这是发酵前的过程。整个过程需要几十个人一起参

与，所以看起来工程十分浩大。

现在清酒酿造中已经用钢桶代替了木桶，所有过程都机械化，用的工人也少了。到新派酒厂参观，已没什么看头。

除了大量制造的名牌酒如"泽之鹤""菊正宗"等之外，一般的日本酿造厂规模很小，有些简直是家庭作坊。每个省份都有数十家酒厂，所以生产出了那么多不同品牌的清酒，连专家们都有点眼花缭乱。

数十年前，我们还是学生时，喝的清酒只分特级、一级和二级，价格非常便宜，所以我们绝对不会买那种小瓶的清酒，一般都是买一大瓶，日本人叫作一升瓶（Ishobin），容量是 1.4 升。

经济起飞后，日本人看到法国红酒卖得那么贵，心里十分羡慕和不甘。于是，他们开始酿制"吟酿酒"。

吟酿酒是把一粒米磨完又磨，磨到只剩下一颗心，然后再用这颗心煮熟、发酵和酿制成酒。有些日本人认为米的外皮含有杂质，磨得愈多杂质就愈少，因为米的外层含有蛋白质和维生素，会影响酒的味道。

日本人称磨掉米的比率为"精米度"，精米度为六十，等于磨掉了百分之四十的米。而清酒的级别取决于精米度：本酿造的精米度只磨掉百分之三十，纯米酒也只磨掉百分之三十，特别本酿造、特别纯米酒和吟酿酒则需要磨掉百分之四十，而最高级的大吟酿，需要磨掉一半，所以要卖出天价来。

这样一磨，米的味道几乎被磨掉了，日本人说会像红酒一样，喝出果子的味道。但我觉得这违背清酒的精神，清酒本应该有米的味道，而果子味是洋人的东西，清酒的本质完全变了。

我还怀念过去喝的广岛酿的"醉心"，真的是能醉入心。即便是他们出的二级酒，也比大吟酿好喝得多。别小看二级酒，日本的酒税是根据级数征收的，很有自信心的酒厂，即便做了特级酒，也会申报给政府说是二级酒，把酒的价格降低，让酒徒们喝得高兴。

让人眼花缭乱的牌子，哪一个最好呢？日本酒没有法国的拉图（Latour）或罗曼尼·康帝等贵酒，只有靠大吟酿来卖钱，而且一般的大吟酿并不好喝。

即便问日本清酒专家，我们也得不出一个确切答案。就像担担面一样，各家都有各自的做法，清酒也是一样的。哪种酒最好，全凭个人口味。自己家乡酿的，喝惯了，就会觉得最好，而我们来到这里，觉得也只是这么回事。

略为公正的评价是，米的质量愈高，酿出的酒愈佳。以产米著名的新潟县酿造的清酒当然不错。新潟县简称为越，有"越之寒梅""越乃光"等品牌，都还不错。还有"八海山"和"三千樱"，亦佳。

但是新潟酿的酒，味道较淡，不如邻县山形的清酒那么醇厚和味重。我对山形县情有独钟，曾多次介绍并带团游玩，如今那部电影《入殓师》大卖，其背景就是山形县，山形县的观光客也更多了。

去了山形县，别忘了尝尝他们的"十四代"。问其他人最好的清酒，总没有一个明确的答案，以我所知道的关于日本清酒的二三事，我认为"十四代"是最好的。

在山形县一般的餐厅可能买不到"十四代"，它被誉为"幻之酒"，难觅。只有在高级食府，日本人叫作"料亭"，从前有艺伎招呼客人的地方才能找到，或者出名的面店（日本人到面店主要是喝酒，志不在面），像山形县的观光胜地庄内米仓中的面店亦有出售，但要买到一整瓶也不易，只有一杯杯卖的——三分之一水杯的分量，叫作"一下"（One Shot）——价格可能要 2000—3000 日元，约 100—200 港元。

听说比"十四代"更好的，叫"出羽樱"，更是难觅，我下次去山形时再尝试比较一下。但我认为好的清酒，是经过多次品尝得出的结果，因为好喝在哪里，很难以文字形容。

清酒多数以瓷瓶装，日本人称之为"德利"（Tkouri）。点菜时，侍者也许会问："1 合？ 2 合？"1 合约等于 180 毫升，4 合合起来共 720 毫升，1 合相当于一瓶酒的 1/4。因此日本的瓶装量比一般洋酒的 750 毫升略少。现在的德利瓷瓶并不像古董瓷瓶那样漂亮,古董瓷瓶非常美丽,黑泽明的电影中有详细的历史考证,拍的武侠片雅俗共赏,令人回味无穷。

另外,清酒分为甘口和辛口,前者较为甜,后者较为涩。日本有句老话,说时机不好,像金融海啸时,要喝甘口酒,而经济兴旺时,要喝辛口酒。

清酒和浊酒相对,两者的味道是一样的,只是浊酒在过滤时留下了一些渣滓,因此颜色会混浊。

至于清酒烫热了,更容易让人醉,这是胡说八道。喝多了就醉,喝少了不醉,道理就是这么简单。

原则上,冬天可以喝热的,日本人称之为"Atsukan";夏天可以喝冻的,日本人称之为"Reishyu"或"Hiyazake"。最好的清酒应该在室温下喝。"Nurukan"是温温的酒,既不热也不冷,请记住这个词,很管用。向侍者说一句"Nurukan",连寿司师傅也会甘拜下风,知道你是懂得喝日本清酒的人,他们会对你更加尊敬。

商机

活在当下,我们都得讲钱。今时不比昔日,文人也不必再扮清高了。

如果把尝试的美味,化为经济来源,那该多好!

把吃过的食物化为文字，便可赚稿费。你会说不是人人都能写的，而且去哪里找地盘。

这已是很落后的看法。只要会讲，就会写，把讲过的话写出来就是，像会走路就会跳舞一样，中间要经过训练而已。

什么训练？那就是开始写呀！想到什么就写什么，久而久之，你就会觉得控制文字并非一件很难的事。

至于没有地盘，当今全世界都是地盘，电脑就是你的地盘，在自己的社交媒体发布，精彩的话，就有人看，这和出书是一样的。

当作收集资料，尽管写就好了，总有一天，会很好用，当生财工具也说不定。

接下来，就可以把吃过的东西，演绎成独具一格的佳肴，开家餐厅，也是办法，最厉害的是，研发商品。

卖东西，有两条途径：卖最便宜的，或卖最贵的。二者都有它的市场，走中间路线，永远失败。

印度尼西亚人老早就知道这个道理，他们把生虾剁碎，加入面粉，煮熟后切成一片片的薄片，晒干后，就是他们全民皆喜的虾片了。

将虾片油炸，那么小的一块，变成一大块又脆又香的食材。形状也变化多端，有的制成丸形。到处能看到小贩们背着一个大铁箱，叫卖虾片。

虾片，到底比洋人的土豆片好吃。人类是肉食动物，鲜虾的气味，总不像植物那么寡淡。

由于大量生产，供应一般市场的虾片，面粉愈来愈多，虾肉愈来愈少，吃起来逊色很多，为什么不可以下足料呢？

日本人就有那种能耐，一家叫"阪角"的公司，几乎采用全虾肉，只下一点点的面粉，和印度尼西亚人卖的刚好相反，做出来的虾片就很好吃。

经过压扁处理，炸出来的平坦的一片片，独立包装放进锡纸袋中，卖得很贵，这又是另外一个市场。上等的东西，总有一个市场，虽然规模不大，但可以维持。

日本人做的虾片，固然美味，但是没有进一步研发。东南亚的虾，味道比日本的更鲜、更甜，尤其是在槟城市场中买到的生晒活虾虾米，放几粒煮汤，已鲜甜得不得了。上回我和倪匡兄游大马，买了当小礼品，他一吃念念不忘。

拿这种虾米舂碎，再加上大量的鱼胶和少量的面粉来做虾片，炸了一定比日本的口感更好。只要在包装上下功夫，贩卖到日本市场，不是问题。

或者，干脆用清水浸了，装入罐头，也能卖呀。罐头当然是迷你型的，不会因为吃不了一大罐让剩下的变坏。把虾米炸了，同样装入迷你罐，也是商机。

生活水平的提高，令世界各大都市皆有高级食品店，包装之后给人干净又高端的感觉，绝对能够在他们的架子上摆卖。

有时单靠包装也没用，怎么高级也高级不起来。原材料不妨从当地采购，但可以在其他国家加工，声誉即刻不同。欧美和日本都有很多厂愿意为你服务，有生意做他们一定会做，你有没有试过跟他们接洽，叫他们为你入罐呢？

我们也可以把大闸蟹的膏制为罐头，台湾的肉臊子罐头也不错，已卖到世界各地去了。

还有数不尽的酱类，包装得高档就行，像花胶酱、金华火腿酱、五香酱、鳗鱼酱、虾子酱、龙虾酱等，用来涂面包，送白饭，都是医治思乡病的好物。

外国人有句老话，说一个人的美食，是另一个人的毒药。有时用的食材也不一定要花钱，像外国制造的鲍鱼罐头，鲍鱼肠都当垃圾扔掉，殊不知鲍鱼肠是日本人认为最好吃、最强精的东西，如果把它们做成罐头来卖，也无不可。

多年来，我总是吃吃喝喝，累积下来的经验和广交的良缘，让我拥有许多门路，可以把一种商品卖到另一个地方去。上面举的多种例子，也不过是一部分罢了，还有数不尽的法宝藏在袖子当中。

要是各位有什么好建议，不妨交流一下，把吃喝中悟出来的奇思妙想互相交换一下，也许其中都是商机。

只要不要抱着太大的期望，不冀求太大的利润的话，这些主意是非常好玩的。

在这过程之中，赚到一点小钱，游世界去，再没有比这更过瘾的事了。

我的针灸经验

虽说是针灸，其实只是针，我没有用灸的经验。一直以来，我对灸疗都有会被烫伤的担忧，所以不敢尝试。但"针灸"这个词听起来较顺口，所以大家都这么称呼。

第一次接触针灸是因为患了肩周炎。有位打麻将的朋友见我痛苦，就建议我试试针灸。当时我本来准备翌日去医院，接受西医的治疗，医生打算在骨头之间注射类固醇。我觉得那管针像给牛打针的针管那么粗大，所以不怎么敢尝试。但还是接受这位朋友的建议，在他的针灸治疗下，当晚我竟然睡得像婴儿一样，从此对针灸有了信心。

为答谢这位友人，我替他开了一间诊所，并免费宣传，结果很多病人前来就诊。我还以为今后有什么痛楚就可以去找他，心里安心了不少。正在得意时，接到电话，说他脑出血入院，赶去看他时，已不治，我的靠山消失了。

之后，肩周炎复发了几次。我尝试找了几位针灸医生，但治疗都没有效果，感到非常烦恼。后来得到的结论是，并非针灸无效，而是没有遇到好医师。

一次在日本旅行，肩膀又是痛得死去活来，跑去问大堂经理有没有针灸医生介绍，酒店给了我一个电话和地址，赶快乘的士前往。

那位医师又矮又瘦，但是看起来很有信心。我请求他治疗，结果他用了一种不留针的方法。所谓的不留针，就是扎了一针就立刻拔出，再扎第二针。他使用的针非常细，几乎让人感觉不到痛苦。结果那晚我也是睡得像婴儿一样。

中国的针灸师为什么要留针呢？我看《大长今》中也是不留针的啊。我更倾向于不留针的方法。留着针的话，我总担心医师会忘记拔出一两根，那穿上衣服的时候岂不痛死。而且，万一断了的针留在体内，麻烦会更多。

那些留针的方法，有些还会给你通上电流来刺激穴位，说这样效果更好。但我对这种说法持怀疑态度，毕竟古代的针灸师哪知道什么是电呢？

总之，针灸是有效的，但要看是否遇到高手。我听金庸先生曾经提到，小时候看到一位针灸师，治疗时病人不必除去衣服，隔着衣服也能对准穴位，真是了不起。如今在哪里能找到这样的医师呢？

不过，即使有好的针灸师，针灸也只能针对某些神经反射性的病症，像心脏病等，还是要找西医进行更细致的检查。对于其他问题，比如肩周炎，针灸无疑是比西医更高明的选择。

现在西医也开始研究针灸，他们不太关注那些玄虚的名词，而是将人体穴位按照一、二、三、四的顺序编号，结果也治好了很多外国人的肩周炎，广受欢迎。

针灸的原理应该是截断痛楚的神经信号，让大脑感觉不到疼痛，从而减缓肩周炎的症状。对于戒烟，针灸也可能会有效果吧？最近我咳嗽得很厉害，睡眠质量也很差，问了一些医生朋友，他们都笑着说："不抽烟就好，不然什么药都没有用。"

曾经看到有个慈善团体提供戒烟的疗程，而且是免费的，于是我立刻报名参加。

第一次治疗时，他们在我的身上扎了很多针，并通了电，最后在耳朵上扎了几针。针刺下去时，有时会有痛感，有时则没有。通电后的感觉也不太舒服。医师们都有一个共同的说法，就是永不说"痛"，经常问："麻不麻？痹不痹？"

对，从来不说"痛"。

他们主要是在身体的穴位上施针，但我发现真正发挥作用的还是在耳朵上。我研究了很多相关的书，发现耳朵的穴位确实有神奇的功效。我年纪大了，正好可以捉弄年轻的医师，所以我跟他们说不需要在身体上扎针，只需要在耳朵上施针。

他们用的是一种日本生产的短针，连在一块圆形的胶布上，大小和大头针差不多。他们在耳朵的穴位上一次性扎了八九针，双耳同时进行。

疗程一共六次，到了第六次，还没有什么效果。年轻的医师并不懊恼，还问我说要不要试西医的尼古丁贴布治疗法，可以推荐。这一问，我又有了信心，到底对方是为我好的。

归途，又想抽烟，吸了一口，味道并不好，我知道已开始生效。回家即刻再申请多一个疗程，继续去扎针，果然，吸烟的次数减少了，但没到完全戒烟成功的地步，只是耐心去治。

肩周炎第四次发作，问年轻医师有没有专治肩周炎的针灸师。他介绍了一位，我报了名，前往。

这又是一次新体验，这一位扎的不在肩上，而是在肚子上。在腹部画一个像乌龟的图案，按照穴位扎下去。真出奇，当晚又睡得安稳，有点功效。

我又试过用粗针来刺。不，不是针，简直是一把小刀，称为小叶刀。那位医师用这门手法左扎右扎，痛得我死去活来，结果无效。又有一位神医，说两针搞定，但也搞不定。

试过了针扎肚皮，我觉得此法甚妙，扎时不会感觉痛，是因为肚子肥肉厚吧。看样子，我得继续让这位医师画乌龟去了。治戒烟的年轻医师说，不只肩周炎，对减肥也有效，我听了有点相信。那是把食欲的神经干扰，应该信得过。我这数十年来，有人觉得我胖，有人觉得我瘦，但我自己知道，一直保持在七十五公斤，不必去减肥。

团友之中，有很多一个月花十万八万港元去减肥的，可以介绍他们去针灸。至少，他们不必再忍受节食和做运动的痛苦，凭这一点就值得一试。

飞行等级

在当今世界的航空公司中，座位通常分为头等舱、商务舱和经济舱三个等级。

以最新资料为例，我们观察从香港飞往伦敦的航班价格。

在国泰航空，头等舱机票价格为 9 万港元，加上燃油附加费 4000 多港元，总计约 95000 港元。商务舱机票价格为 4.1 万港元，加上燃油附加费 4392 港币。经济舱机票价格为 6580 港元，再加上燃油附加费 3480 港元。

英航则更昂贵，头等舱机票要 99000 港元，加上 7000 港元的燃油附加费。

一般来说，一张头等舱机票的价格可以买两张商务舱机票，一张商务舱机票的价格可以买四张经济舱机票，而一张头等舱机票的价格相当于八张经济舱机票价格。

当然，你也可以用积分来兑换机票，但这种机会非常罕见。聪明的消费者可能会先购买一张经济舱或商务舱的机票，然后用积分来争取更高级别的座位，成功的可能性更大。

有人会质疑为什么要花那么多钱乘坐头等舱，不如忍一忍，坐经济舱，省下的钱可以用来购物。这的确是一个想法，但如果你的钱实在太多而花不完，你就不会考虑这个问题了。

而商务舱机票费用多数是由公司支付的，所以乘客并不太在意多少费用。

航空公司的策略远比我们想象中的要复杂。他们发现经济舱的收入只占总收入的五六成，商务舱的收入则占了三成以上，而头等舱的收入只占不到百分之十。因此，在一些短程航线上，航空公司干脆取消头等舱，只保留商务舱和经济舱。

但是，近年来贫富悬殊日益加剧，有钱的人更富有，因此一些产油国家和经济起飞的亚洲国家开始增加头等舱的座位。有些航空公司甚至提供套房和浴室等服务，头等舱的收益率可能达到百分之十五。这就让那些美国航空公司望尘莫及，生意都被抢走了。

生活水平的提高让商务舱成为抢手货，不管是否公费，大家一旦坐过商务舱，就已经不能再退步坐经济舱了。即使是一些普通航线，也已经出现一半商务舱、一半经济舱的情况。更夸张的是，有些航班整架飞机都只提供商务舱。

那么头等舱到底有多好呢？是否值得花那么多钱？

头等舱最大的特点是座椅可以放平成床，但这种服务大部分商务舱已经提供。

　　吃的、喝的好吗？并不是特别好，所谓的香槟和鱼子酱都不是一流的。在欧洲的航空公司，头等舱里还有一些尊贵感，但在亚洲，有钱的人随处可见，你并不会被当成贵宾对待。在头等舱，你可能遇到的是一些年龄较大又不愿退休的空中服务员，她们不用担心会被解雇，对待乘客的态度可能并不友好。

　　其实商务舱物有所值，但"物有所值"这个词代表的通常都是昂贵的价格。当今的旅行费用绝不便宜。

　　经济舱有那么不好吗？

　　的确差一些。首先，座位非常狭窄，尤其对于个子高的人来说。如果旁边坐着一个胖子，那就更糟了，他可能会拼命把手臂伸过来占用你的空间。如果碰上一个喝醉的人，这更令你受不了，而且是十几个小时的煎熬。

　　但是，喜欢旅行的人，起初谁没有过坐经济舱的阶段呢？对于那些有机会出国旅行的人来说，这已经是幸福了，他们根本不会在意舒不舒服。那种兴奋的心情，已经压过了一切的辛苦。当年的我，只要闻到飞机的燃油味，就觉得非常快乐。

　　在那个年代，商务舱还没有设立，飞机上只有头等舱和二等舱，前者自然不够资格乘坐，所以后者是唯一的选择。

　　一上飞机，我就会立刻看有没有其他的空座位。如果能找到旁边没有人的座位，那就可以让身体稍微舒展一下，把脚伸开。要是碰上后几排没有人，那就像中了彩票，飞机一起飞，我马上占领。那时候的座椅扶手还可以拉起，如果有三个空座位，我就可以将其当成床来躺，舒服地睡上一觉。

如果整架飞机都满座，那就没有办法了，只能顺其自然。幸运的时候，旁边坐着一个和你一样热爱旅行的女性，和你一路分享她的趣事；倒霉的时候，旁边可能是一个喜欢长篇大论的丑女，让人不堪忍受；如果碰上一个话永远说不完的男人，更让人讨厌。

飞机上的食物当然不好吃。旅行初期的经验告诉我千万别对飞机上的食物抱有期望。我一定要带些零食，特别是当地的美食，比如叉烧、糯米鸡、椰浆饭之类。杯面也是必不可少的，这个习惯一直延续到现在，即使坐商务舱或头等舱，我依然会带上。

酒是最好的镇静剂和安眠药，对于飞机上的免费酒水，我并不抱有期望。我会自带一瓶甜酒，像百利甜酒，还有一瓶烈酒，比如白兰地或威士忌。喝到昏昏欲睡，再醒来就把前者当作甜点。总之无醉不欢，很快就到达目的地。

看电影是飞行中最大的乐趣。如今的经济舱，每个座位的椅背上都有屏幕，一部看完又一部，电影看完再看电视剧、纪录片、新闻，什么都看。看到眼皮发重就停下来休息。

阅读也是不错的选择，首先是金庸的小说或是亦舒的作品，但最好带上几本书。励志书也有催眠的效果，哲学、宗教类图书同样有帮助。

不过，经济舱对我来说始终是一场噩梦，尤其是回忆起那次从新加坡夜航到印度泰米尔地区的经历。当地禁酒，整架飞机的印度乘客都拼了老命地大喝，洗手间充满了酒后的污物。想要睡觉，盖的被子还有一阵阵难闻的味道。自从那次经历后，我下定决心要赚钱，一定要让自己在旅行中过得更舒适一些。如果你不想坐经济舱，那么只能和我一样，多往"钱"看看了。

浴室用品

我一生旅行，长住或暂住酒店的日子，加起来也有十年吧。

不同的酒店提供不同的浴室用品。最初住的酒店什么都没有。哦，想起来了，只有一双木屐。

经济好转后，带来了更多的舒适设施。浴室里增加了许多用品，牙刷已经赠送。在中国的酒店住惯了，以为其他地方也会提供，但到了欧洲才发现，酒店什么都给，就是不给牙刷，他们认为牙刷是客人应该自己携带的。这才知道自己误了事。

奇怪的是，韩国人和欧洲人的想法一样，也不提供牙刷。这一点和日本人完全不同，在日本，即使是价格便宜的酒店也一定提供牙刷和剃刀。

说到剃刀，起初是用完即弃的单片刀锋，这种原始工具剃得满脸伤口，一点也不好，后来才出现双锋剃刀。不过欧洲的酒店，也不给剃刀，别说单锋或双锋了。

有了剃刀却没有剃须膏也很不方便，自己携带的剃须膏又太大、太重。后来，日本的酒店开始提供一支小巧的剃须膏，一按就挤出肥皂泡沫。别小看这支小东西，如果节省使用的话，可以使用一周。

有些酒店还赠送一把剃刀，剃刀柄中带有剃须膏，一面挤一面剃，相当理想。

肥皂是任何酒店都会提供的，放在玻璃或瓷盘中。如果住在非吸烟楼层，这个盘子就成了一个理想的烟灰缸，先铺一张湿纸巾，再加上水，烟灰就不会乱飞，用完后顺便擦干净，完美无缺。

肥皂通常有两块：放在洗面盆前的较小块质量更好，擦出的泡沫更细腻，用来洗脸；淋浴间的较大块质地较粗糙，用来洗身体。

便宜酒店在浴室中只会提供一条擦身体的毛巾，当天气变热时可能不够用，但没有办法，谁叫自己那么省钱。高级酒店会在架子上提供两条大毛巾，有时甚至提供三到四条，它们有 5 英尺（约 1.5 米）长、3 英尺（约 0.9 米）宽。洗面盆前还会提供两条小毛巾，东方客人通常会用小毛巾擦手，实际上是用来包裹洗完的头发的。

更高级的酒店会将花洒区域和浴缸分开。在花洒区域的玻璃门外会挂一条大毛巾，架子上还有四条。而且，这些酒店在傍晚还会派服务员来更换新的毛巾，这才能称得上是五星级。

如果嫌床上的枕头太软，你可以用这些毛巾叠起来，这样会更舒适。或者，你可以将毛巾卷起来放在颈部，这也是一个好办法。

电吹风一定会提供，不需要自己携带。有些酒店的浴室还有防水电视，这个设备有点多余，毕竟谁会一边刷牙一边看电视节目呢？但在如厕时听听新闻还是挺有用的。

大多数欧洲酒店会提供 BIDET（坐浴盆）卫浴设备，当然这不是用来洗脚的，不过马桶一直保持着原始状态，不像日本那样配备有喷洒功能的智能马桶。在日本旅行有一个好处，即使是价格便宜的酒店也配备了这种智能马桶。

厕纸应该提供两卷。如今很多旅馆已经在冲水马桶旁边放置了两个卷筒，或者至少在冲水器上方再放一卷，否则就会发生尴尬的情况。印度的丛林酒店中，甚至连一张厕纸都没有，幸好我自己带了一些。

现今酒店的小日用品，已愈来愈齐，洗澡时当然会提供泡澡液。一些日本酒店甚至提供温泉浴盐，而高级酒店则会提供一大罐海盐，让人感到身心愉悦。

在洗脸池旁边放着的小日用品通常包括棉花棒、方形化妆棉、梳子、卷发棒和长条卫生巾等。有些酒店唯独不提供避孕套，尽管它非常实用，当急需时，你就会发现叫天天不应，叫地地不灵。我住过一些新潮的酒店，它们考虑到了这一点。

酒店的评级，已将浴室用品的品牌作为评估的标准之一，从艾丽美（Elemis）、奥伦纳素（Erno Laszlo）等品牌开始算起，中档酒店会使用法国普罗旺斯的欧舒丹（L'Occitane）。当人们认为宝格丽（Bvlgari）已是很高级的时候，更好的酒店则使用爱马仕（Hermès）的产品。

国内的酒店，有些会提供一些杂牌的洗发水，这类洗发水使用后会对头皮造成腐蚀，这是非常可怕的。再加上护发素散发出的奇怪气味，洗完头后感觉一身不舒服。我通常不会拿走国外旅馆的洗发用品，但如果遇到好的，还是会顺手带走，以备不时之需。

摆放在花洒区或浴缸旁边的通常会有三个小塑料瓶，浅黄色的是洗发液，白色的是护发素，蓝色的是泡沫浴液，但有时颜色会互换。

这时，最懊恼了！

这三个小瓶子，字一定写得很小，开了花洒，冲到一半，却不知道哪个瓶子里是洗发液！

年纪大了，眼睛看不清楚上面写的是什么，又不敢乱用，经常不得不擦干头发去找眼镜。

即使是天下最好的酒店，浴室用品再好，也有这个问题，真是让人咬牙切齿！

时尚与品味

按摩癖

第一次接触按摩，是我从新加坡到吉隆坡旅行的时候，当年我只有十三岁。

一个比我年纪大不了四五岁的女孩子，面貌端正，问道："要干的，还是要湿的？"

"什么？"

"干的用强生婴儿爽身粉，湿的用'4711'。"她说。

"4711"这种来自科隆的最原始、最正宗的科隆水，有一股很清香的味道，我很喜欢。当然要湿的。

她从手袋中取出一樽100毫升的玻璃瓶，双手抹上，开始从我的额头按起。接触刺激到全身神经末端，这是我从没有体验过的，非常舒服。后来按至颈部、肩上、手脚，酸酸麻麻，全身通畅。

从此，染上按摩癖。

十六岁来到香港，友人带我去尖沙咀宝勒巷的温泉浴室，我才知道上海澡堂子的按摩是怎么一回事儿。全男班的师傅，替我擦完背，让我躺在狭床上，就那么噼噼啪啪敲打起来，节奏和声响像在打锣鼓，"咚咚噜、咚咚噜、咚噜"。又按又捏，做后一身轻松，真是深深上了瘾。

到日本，在温泉旅馆试了他们的按摩，这种按摩叫作指压，敲拍的动作不多，以穴位的按压为主。最初颈项受不了力，事后经常疼痛数小时。后来遇到的技师也都很平庸。生活水平提高了，不太有人肯做这项工作，后继无人之故，所以我去泡温泉，也很少呼指压前来了，很歧视他们的手艺。

开始"流浪生活"后，我到处找地按摩，韩国人并不太注重此种技巧，在土耳其浴室中按几下，用的也是日本的指压方式，但在理发铺洗头时的头部按摩是一流的，慢慢从眼睛按起，用小指捏着眼皮，揉了又揉，再插进耳朵，旋转又旋转，正宗享受，何处觅？

我在中国台湾也住过一阵子，来的多是电影中座头市式的盲侠，其技术介乎中国上海按摩和日本指压之间，遇到的技师并不高明，是我运气不好吧。

印度按摩用油居多，用后一身难闻的味道，但是技师用的是瑜伽方法，一个穴位按上二十分钟，也能令人昏昏欲睡。

最著名的应该是土耳其按摩了。浴室的顶部开了几个洞，让水蒸气透出。阳光射入，照成几道"耶稣光"。肥胖赤裸的大汉前来，左打右捏，只搓不按，把你当成泥团搓。这也是毕生难忘的。

另一出名的是芬兰浴了。从郊外的三温暖室中走出，跳入结冰的湖中洞里，有心脏病的话绝对急死，但那时年轻，我还受得了，爬出来后，身体的热气喷出，与外边的冷冻相撞，结了一团雾，整个人像被云朵包住，这时自己用一把桂叶敲打全身。后来，一个赤着身体的高大女人前来替你按摩。虽然经验是可贵的，但毫无享受可言。

还有很多国家的按摩，我也都有试过。一生之中，遇到好的，没有几个。

蛇口南海酒店中的孔师傅，是穴道学会的主席，方位奇准，按完还教你几招自习，推荐你去。

到云南大理旅行时，在一家台湾人开的旅馆中遇到一位三十岁左右的失聪女士，也是奇才，不知道承袭了哪一派的功夫，按完后整个人脱胎换骨，可惜没记下她的名字。

汕头金海湾酒店中，有个脚部按摩技师有个很特别的姓，不会忘记，姓帅。她是一位天生的技师，至今我被做过的脚部按摩，属她做得最好。

谈回指压，数十年前邵逸夫先生从东京东银座的艺伎区请了一位长驻香港,帮他按摩。当年事忙,也很少叫她。这位小姐来了差不多两年,一遇到什么困难就来找我解决,因为我们会讲共同语言,她一直说要给我按,我没答应。原则是别人请来的,我不可私下占便宜。她临上机那晚上,哭泣说不让她按一次,她不能安心回家,最后我只好顺了她的意思。指头按下,由轻至重,连带着震荡,绝对不会令肌肉酸痛。内功发出,一股暖气流入双腿内侧,使得整个人欲死欲仙。从此,我再也不敢看轻日本指压了。

另一位功夫绝顶的女人是在印度尼西亚遇到的,当年我颈部生了一粒粉瘤,准备去法国医院开刀取出,吩咐她不要碰到那个部位,她从我的手脚按起,技巧和中国、日本、印度等的都不一样,招数变化无穷,没有一道是重复的,令人折服。

"听说有一个穴道,一按就会睡觉,是不是真的?"我用印度尼西亚话问她,她微笑着点头,双指从我的眉心按去。

一醒来,她人已不在了,我去浴室冲凉时,发觉那颗粉瘤也让她给按走了,消失得无影无踪,这过程一点也不痛,省掉好多住院和手术的费用。

如果你问我最喜欢哪一种按摩,我一定会回答是泰式的。所有的泰式古法按摩都有水平。按摩等于是别人为你做运动,泰式的最能证明。按摩师用她身体全副力气为你按,这是天下最好的按摩。

要找最好的技师有一个秘诀，那就是先付足够的小费。对于小费，倪匡兄有一点见解，他说："小费当然是先给，后给不如不给，笨蛋才后给。"

玩种植

当今的芫荽一点也不香，而且有股怪味，这都是为了大量生产从而改变了基因的结果。我一直寻求以往的味道，但失望了一次又一次，直到有一回去参观了丰子恺故居，回程时在一家小餐厅吃午饭时才找回以往的味道，原来是他们在后花园自己种的芫荽，之后再也未尝到。

回到中国香港也不断寻求芫荽的种子，发现多数是新品种，还有一些是意大利芫荽。在日本旅行时，我发现乡下的杂货店中可种的花草蔬菜的种子都有出售，唯缺的是芫荽，原来日本人是不吃芫荽的。

一位很好的朋友有个很稀奇的姓，姓把，名文翰。他是一个到各地深山找寻美食原料，再在网上销售的人。卖的东西，像花椒，也是严选出来的，只要咬一小颗，满口香味，而且即刻麻痹，厉害得很。

我对他极有信心，就向他请求，如果看到中国的原种芫荽种子，就寄一些给我。经过甚久，他找到后寄来，我开始玩种植了。

在网上看到一则广告，卖室内种植的器具，这种器具叫"Smart Garden"，我即刻买下。寄来的是一个塑料的长方形箱子，附赠三个小杯子，杯中已下了罗勒种子，只要加了水，插上电，架上的灯就会自动亮十六个小时，另外八小时自动熄掉，制造大自然假象，让种子生长。盒的下方装了水，让所种植物吸收，水一干有个指示器会提醒你加。

对我这种住在水泥森林公寓中的人，这种室内种植的器具很好用。除了种罗勒之外，我还把文翰寄来的芫荽种子埋下，之后如何，等下回分解。

现在想起，觉得有花园住宅的人实在幸福，可惜命中注定我没有享受这种清福的命。

家父就不同，他在中年时买下一座洋房，花园的面积至少有 2 万平方英尺（约 1858 平方米），足够他种所有的花草。

记得刚搬进这个新家，父亲第一件事就是把那株巨大的榴梿树砍下。可惜吗？一点也不可惜，因为这株榴梿生长的果实都是硬的，马来人称其为"啰咕"，长不熟的意思，有时骂人也可以用上。

树一倒，发现有很多小榴梿。别浪费，我们小孩子拿它当手榴弹来扔，把附近来偷其他水果的马来西亚小孩赶跑。

由铁门到住宅还有一小段路，上一任屋主种了一棵红毛丹树，的确茂盛，所产的红毛丹集成群，整棵树被染成红色。

可惜的是，这棵树的红毛丹种不好，果肉非常酸，又吸引了一群又一群的蚂蚁，它们会咬人的。

家父又将它砍了。环保人士也许会认为不妥，但南洋地方，树木生长得快，种下新的，不久又是一大棵。

家父又种别的植物，他特别会玩，接枝了一颗大树波罗蜜，长出的水果两人合抱那么大，里面的果实有数百粒之多。同一棵树上也长着红毛榴槤，这是另一种波罗蜜，果子没那么大，但又软又香，也是我们小时最爱吃的。

本来土种高大的番石榴树也被铲除，又酸又多核的高大品种改良后变为矮树，果实随手可摘，核变少，只剩下一团，切开后的整颗番石榴又香又甜。这还不算，爸爸再接上广东的绯红色品种，果肉更显得漂亮诱人。

接枝时，我必在他身旁看，只见他把树枝削去，再把另一株树的枝干剖开，将树枝插到剖开的树干上，用绳子绑紧，最后将一堆泥封上。不久，它便生出根来，可以移植在地上了。当时，我觉得过程很神奇，想长大了亲自动手，但一直没有机会。

如果我这次种芫荽的试验成功了，便会接着种别的，一直想种的还有辣椒，其实也很容易。但来了香港，广东人说辣椒会惹鬼，虽然我不迷信，却也打消了念头。

跟着种西红柿吧，拿了意大利的种子，种出各种形状和颜色的来，有的又绿又黄又红，分隔成图案，实在很美。

要不然种青瓜吧，也要找到原始的种子才行，当今在市场上买到的都已变了种，连长着疙瘩的那种也不是那么一回事了。

说到瓜，现在最合时令，可种丝瓜或水瓜。搭个架子种葫芦最妙了，成熟时可以切丝来炒菜，也可选个巨大的，晒干，挖出种子后当酒壶，学铁拐李，喝个大醉。

有了架子，我可以种葡萄，遐想"金瓶梅"那一段，令人发疯。

我家如今有个天台，只要努力，种什么都行，只是少了家父来陪伴，要是能回到过往，和他一起研究怎么接枝，那是多么的愉快！

近来常做梦，梦到和父亲一起种出一个枕头般的大冬瓜来，挖掉种子，里面放瑶柱、烧鹅肉、鲜虾和冬菇来炖，最后撒上夜香花。外层由他写字，我用篆刻刀来刻一首首的唐诗，美到极点。

玩玩具枪

王力加和李品熹夫妇，为我做了一些玩具，我很喜欢。其中一个由苏美璐设计，是用我的造型制成一个可以扭捏也可以变回原形的公仔，盒中有一张小纸，写着："拥有玩具，不会变老。"

是的，我现在身边还有很多玩具，常玩的有玩具枪。我对手枪的迷恋，是从小开始的，受了西部牛仔片的影响。有人研究，说手枪暗示了生殖器，不够长就不会喜欢，其实不对，但已无所谓了，别人怎么讲都行。

当今的玩具枪越来越仿真，用的是圆形的塑料子弹，以压缩空气推出，它们有个共同的英文名——Airsoft Gun。日本产的最多，中国台湾产的也不少。

中国香港的法律规定，只要发射力不超过 2 焦耳，即属玩具，所以请大家放心去玩好了。

玩玩具枪有什么好处？可以当运动啊。最不喜欢为运动而运动，散步也要有一个目的，最好去菜市场散步，顺便看蔬菜向你微笑招手。但年纪大了不运动骨头会硬，最好是玩玩具枪，把子弹打得满地都是，一颗颗去拾，弯弯腰，当成运动，最妙了。

旺角有多间玩具枪商店，类型齐全，我最爱逛了。当然是从西部牛仔枪买起，有多种选择，枪管的长度也各不同。如果你喜欢"OK 牧场枪战"（Gunfight at the O.K. Corral）的话，就可能知道主角用的是 16 英寸（约 0.4 米）枪管的柯尔特邦特兰特装型（Colt Buntline）。这种枪形的玩具枪也能在玩具店买到，且手感极佳。

要是喜欢短小精悍的话，推荐扑克版赌徒藏的"掌心雷"。只有两发子弹的德林杰（Derringer）也很好玩，很受女性欢迎，我在泰国的靶场中看到一个女人，把纸靶摇到最近距离，俗称"Point Blank"，当场击之，表情过瘾至极。

当然最多人买的是贝瑞塔（Beretta），意大利人不止时装好看，手枪设计得也极其漂亮。这款枪在吴宇森片中出现的次数最多，也是所有电影人最爱的枪械之一，型号为92FS，当今也在美国生产。

这款玩具枪有全黑的和镀银的，装22发塑料弹，仿真率一流，自动上膛，反弹力也像真的一样。日本制的价钱在3000多港元，中国台湾产的几百港元就够了，入门时可由便宜的玩起。

如果是真枪的话，贝瑞塔虽然美丽，但容易卡住弹壳，更可靠的反而是形状最丑的格洛克（Glock），由奥地利人生产。奥地利人没有什么艺术细胞，但精确性总是一流的。

自古以来，用转轮的手枪中国人叫"左轮"，因为是向左转，而自动手枪我们叫作"曲尺"，形状像一把弯曲的铁尺之故。格洛克的样子是名副其实的曲尺，四四方方，毫无美感可言。

格洛克不但精准而且安全，有四组的保险设备：第一，可用拇指调节的手动保险杆；第二，扳机保险，非得有意解除才行，不然绝不会发射；第三，击针保险，当扳机扣下时，击针才能撞到子弹；第四，坠落保险，击针在不扣下时会自动锁定，即使坠落亦发射不了。

玩具手枪也根据真枪的设计制造，子弹匣可长可短，一瓶瓦斯可以发多少发子弹呢？平均一瓶可以打2000多发，当然每支玩具枪的耗气量是不同的。

最初玩格洛克都觉得它很沉闷，后来这家人又出了小型的二十六号，样子就好看了许多，我也开始喜爱上了。

最原始的玩具枪，是我在日本留学时玩的，当年都是生铁做的，子弹头可装小粒的爆炸物，打了会发出巨响，也产生火花，很容易烧伤外层的油漆，打多了就生锈。

当年也不管那么许多，见有新型的就买，晚上拿了数十支到花园玩枪战，可能是被邻居看到了去报警，有一天一名便衣探长来到我们的公寓拜访，很有礼貌，说要跟我们一起玩。

哈哈，有志同道合的当然欢迎，把家中法宝通通搬了出来，他便要一件件检查，并问是在什么玩具店买的。他说既然那么喜欢，不如来上一课。

一听大喜，翌日跟他到警察总部，原来警民关系科还有手枪知识的讲解，我们几个留学生被证实不是恐怖分子之后，他们便拿出真枪给我们玩。

先从把手枪拆除的步骤学起，到子弹的火药量是多少的测量为止，一一说明，过程好玩到极点，最后还发一张上课证明书给我。课后我们和警察一齐去居酒屋喝上两杯，其乐融融也。

又有一次，到纽约去接收一条院线的发行生意，来了一个人物，要请我吃饭。年纪轻时什么都不怕，去就去了。那家伙拿出一支手枪来，原意是要我不插手，那个地盘是属于他们的。我不知死活，把他的手枪拿来分解，手法干净利落。那黑社会头子见我毫无惧色，也就放过我了。现在想起来也觉得好玩，要知道玩多一点学多一点是可以保命的。

古人四十件乐事

古人有四十件乐事：

一、高卧。二、静坐。三、尝酒。四、试茶。五、阅读。六、临帖。七、对画。八、诵经。九、咏歌。十、鼓琴。十一、焚香。十二、莳花。十三、候月。十四、听雨。十五、望云。十六、瞻星。十七、负暄。十八、赏雪。十九、看鸟。二十、观鱼。二十一、漱泉。二十二、濯足。二十三、倚竹。二十四、抚松。二十五、远眺。二十六、俯瞰。二十七、散步。

二十八、荡舟。二十九、游山。三十、玩水。三十一、访古。三十二、寻幽。三十三、消寒。三十四、避暑。三十五、随缘。三十六、忘愁。三十七、慰亲。三十八、习业。三十九、为善。四十、布施。

从前，大部分是不要钱的，但如今情况不同，这只是观念的改变。

高卧是一种睡个好觉的乐事，无论古今，人们都喜欢。然而，现代都市人中很多人睡眠不好，只得依赖安眠药。

静坐在现代社会中很少见，因为我们劳心劳力，难以静下心来坐定。

尝酒可真的是乐事，现在已可以品尝各种西洋红白酒，较古人幸福得多。

试茶人人可为，但茶叶的价格被现代市场炒得离谱，甚至一饼假普洱茶也卖到了成千上万元，有时拍卖甚至上百万元，这远非古人所谓的雅事。

阅读的乐趣无疑是最大的，然而现在大家对文字失去了兴趣，更愿意看图像，甚至新闻都变成了动态视频，这让人十分痛心。

临帖更是不会去做。

对画？对的只是漫画。

诵经只求报答，求神拜佛，皆有所求。《心经》还是好的，念起来不难，得个心安理得，是值得做的一件事。

咏歌？当今已变成去唱卡拉 OK 了。

真正喜欢音乐的到底不多，鼓琴更没什么人会去玩了。

焚香现在演变成了点熏香，弥漫的是化学味道。檀香、沉香等香料价格已经高得离谱，普通人很难负担得起。

莳花应该是最难实现的乐事了。莳花指的是种植和整理花园，栽培各种花卉，现在大多数人只在情人节时买束花送人，远不及古人的"莳花弄草卧云居，漱泉枕石闲终日"。

候月？今人不会那么笨，有时连头也不抬，月圆月缺，关吾何事？

听雨吗？雨有什么好听的？现代人很难欣赏宋代蒋捷的《青玉案·听雨》中的诗意："少年听雨歌楼上，红烛昏罗帐。壮年听雨客舟中，江阔云低，断雁叫西风。　而今听雨僧庐下，鬓已星星也。悲欢离合总无情，一任阶前，点滴到天明。"

望云是干什么？古人用来观赏天气，而今只需要打开电视机或手机就能了解天气预报。

瞻星？瞻星原指仰望星空，但夜晚已被霓虹灯污染，很难看到一颗星星。如果想看星星，或许需要到沙漠等偏远地区。

"负暄"这个词有两个解释。一是向君王敬献忠心，大部分人渐渐接受了这种观念，认为只是如此。然而，这个词还有第二个意思，即在冬天于阳光下暴晒取暖，这样的确是真正的乐事。

赏雪？如今只需坐飞机飞到北海道就能体验到雪景，相对来说是幸福的。

看鸟？如今由于禽流感等问题，许多人不敢轻易接触鸟类。

观鱼较为普遍，养鱼也有风水讲究，有人养成百上千甚至上万条锦鲤，希望能旺财。

漱泉嘛，水被污染得那么厉害，怎么漱？就算有干净的泉水，也被商人装成矿泉水去卖，剩下的才用来当第二十二条的濯足。

倚竹？当今只有在植物园里才看到竹，普通人家哪有花园来种。

抚松也是，只能在辛弃疾的词中联想："昨夜松边醉倒，问松我醉何如？只疑松动要来扶，以手推松曰去。"

远眺，香港的夜景还是可观的。

俯瞰，从飞机的窗口看看香港高楼大厦吧。

散步是一种廉价的运动方式，慢跑就不必来烦我了。

如今很难找到地方荡舟，有点财力的人选择乘坐游轮游览世界，没有这个条件的人只能在香港天星码头往返。

早上学周润发爬山的好事，至于玩水，香港的公众浴池里，有些大妈会在中间解手的。

访古之旅最好的目的地当然是埃及的金字塔，寻幽则可前往约旦的佩特拉（Petra）观赏红色古城。

当今人真幸运，旅行又方便又便宜。天热可往泰国消暑，又有按摩享受；天寒到韩国去滑雪，又有美味的酱油螃蟹可食。

随缘已经涉及哲学和宗教，很多人虽然了解，但实际做起来并不容易，忘愁同样如此。

慰亲应该及时去做，否则迟早会后悔。

习业是为了打好基础，通过这段困苦但单调的学习过程，人们才会懂得谦虚。

最后两件事为善和布施，尽量去做吧。就算不是富翁，在飞机上把零钱捐给联合国儿童基金会也是一种善行。

谈眼镜

看中了一副眼镜，问价钱，中环的卖 4500 港元，尖沙咀的卖 3500 港元，友人店里说 2500 港元。我想，跑到了旺角，应该是 1500 港元吧？

眼镜的利润是惊人的，而且，目前的眼镜，已是为了时尚，讲究名牌，功能没那么重要了。这是全世界的走向，也没什么好批评的，愿者上钩罢了。

从前，戴眼镜会被同行和同学取笑的，用"四眼田鸡"等称号来嘲笑人。那时候大家的视力都不错，不像现在的小孩，眼睛很多有问题。当今戴眼镜的人变多了，商机就出现了，商人们自然想出眼镜作为时尚品的广告。

现在有人做过街头访问，发现很多人不止拥有一副眼镜，多副干什么？配衣服哇！他们眼睛一亮，笑你是乡下人。

算起来，我也有上百副眼镜，放在家中一个角落，随时找，随时换，这是向倪匡兄学来的。他住在旧金山时，家人回香港，吩咐一做就是十副八副的，因为在外国买眼镜要医生证明才可以。

香港以前正式当验眼师有执照的少，在眼镜店当几年学徒就可以帮客人测视力了。

不戴眼镜不知道，仔细一看，那么一副东西，竟有十几个小小的零件，螺丝就有不少，便宜的镜片时常脱落，是一件烦事。顶住鼻子的那两粒胶片也不稳固，我一买就是一袋，掉了自己换上。

人生已够沉重，我买眼镜，第一个条件就是要非常轻。曾经我找到一副世界上最轻的眼镜，比乒乓球还要轻，可以浮在水上。可惜这种眼镜很快就坏了，用了几个月就得换另一副。

如果要轻，那么玻璃镜片一定派不上用场，得改选塑料。塑料片有一个问题，容易磨花，尤其是像我这种总把眼镜乱丢的人。镜片一花，就又得去眼镜店换了。

另一个最大的麻烦是镜片容易沾上指纹、油脂等，一脏了我就非擦个干干净净不可。有各种方法应付，一是眼镜布，最新科技做出来的，但总不好用，还是用眼镜纸吧，有些是带肥皂的，有些是带酒精的。每次擦完眼镜还可擦手机和 iPad。另有一种放进震动器清洗的，眼镜店里就有，发现还是不好用。其他的还有一整罐的手压喷水式的。总之看到什么擦眼镜的新发明，我一定要买，家里至少有几十种。

几乎每一家时尚名牌都会出眼镜，最初是太阳眼镜，现在连近视和远视的眼镜也有，通常是意大利或法国设计的，但日本产的居多。

在日本福井县，有一个叫鲭江（Sabae）的地区，专门做眼镜框。全村的人中，七个人中有一个从事眼镜业。有的人专门做螺丝，有的人专门做夹鼻子的钩，有的人专门做镜柄，等等，分工极细。所有部件组合起来，才成为一副眼镜。

这是有历史背景的，在 19 世纪末，眼镜发明后，鲭江就开始制作眼镜，因为当地的地形，一下雪就把整个村子封住，村民出不了门，就在家里打金丝，组成眼镜的框架。一直发展到现在，日本的 95% 的眼镜都在鲭江制造。不仅为本国制造，外国来的订单已逐渐多了起来，世界名牌都来找他们。

鲭江还有另一个发明，用钛来做眼镜框。钛是世界上最轻、最牢固的金属，但做造型非常困难。靖江的人有耐心，一条眼镜柄要敲打五百下才能形成，他们终于成功做出优质的眼镜来。

最近又发明了一种"Paper Glass"（纸眼镜），折叠起来像纸一样薄。我立刻买了一副，把它放在我旅行时必带的稿纸袋里备用，当平常戴的那副有问题时，就可拿出来用，很方便，但很快就坏了。

我一直喜欢圆形的镜框，但被可恨的哈利·波特抢了风头。他戴上后，全世界的人都开始用那种圆形的镜框，老土变成了流行。我看我要把那些溥仪式的镜框藏起来了，等到潮流过去再拿出来。

玳瑁壳的镜框也买过，但并没有想象中的好看，而且又笨重，现在已成为收藏的一部分。

虽然不追求时尚和名牌，但名牌中确有一些质量非常好的。我发现诗乐（Silhouette）不错，但谈到轻便、实用、牢固，还是丹麦的林德伯格（Lindberg）稍胜一筹。

太阳眼镜的话，雷朋（Ray-Ban）这个品牌有一定的地位，当然现在也被视为老土。如果你有一副，好好收藏吧，总有一天会再次流行起来。

床

床，是人生中最常用但最不受中国人重视的物品，许多人认为拥有床是理所当然的，就像拥有白米饭一样平常。

在一生劳碌中，为了生活我们不断奔波，追求更好的生活质量。安定下来后，往往会购买一只劳力士手表，一辆奔驰汽车，还有一套房子。而床，往往没有人重视过，人们对于名牌床品的概念也很模糊。

床是我们要花上生命中三分之一时间来使用的家具，怎么可以不去讲究？实在令人啼笑皆非。

当我们贫困的时候，睡木板床，有了能力才买一张海绵垫，但这些都是用化学材料制作的，睡在上面，床底一摊水。可能是中国人天生喜欢硬床，似乎硬的就是最好的。但为什么我们一天劳累下来，不能睡在一张既软又舒服的床上呢？

电影中，美国乡下人的老夫老妻睡在同一张床上，这是多么不文明啊。每个人的生活习惯不同，到了某个阶段，应该不再互相容忍，分床睡才是理所当然的。一直说美元是有保障的，情人是法国的，而屋子则是英国的最好。为什么最好呢？因为英国人不但分床睡，而且睡房也是单人拥有的，这才算是最高享受。

大不列颠帝国不曾衰落，当年的英国对生活的要求最高，他们追求睡在一张最好的床上，而何等的床能比得上国王的呢？

每一种英国皇室用品都有一个英国皇家徽章，一头狮子和一匹骏马，拥抱着一个盾牌，下面写着"皇室御用"（By Appointment to His/ Her Majesty）。得到这种标志的东西越来越少，每年还要重新检验，不合格就会被摘下来。

许普诺（Hypnos）公司成立于 1904 年，先受乔治五世青睐，后来当今的英国女王也一直使用这家公司的产品。每一张床都是人工手制，用料全天然，非常环保。床垫是用马尾毛编制，这样可以保证透气性，里面的毛绵都是最高级的，而弹簧也是几层，务求做到完美。睡在上面，就像被云朵包围，舒适无比。

但是买这种床，单单用手按一下，是无法体会到它的价值的。该公司鼓励客人多试睡，以便感受它的价值，欢迎大家前来试睡。

最初接触这张床时，我像个乡巴佬一样，对其中的乐趣一无所知。我喜欢它能够升降，对我这个爱在床上看书的人，确实是最大的享受。

虽然医院中的床也有这种功能，但睡在那种床上总会让人有生病的感觉，心理上非常反感。只有这种高级产品，才能让人真正摆脱病床的感觉。

大一点的床可以分成两边，即使夫妻共睡，也可以不影响对方的生活习惯。另外，它还设有按摩功能，就像把一张电动按摩椅搬到床上一样，震动着也能让人很快入睡。此外，床头部可以升起，底部也可以升降，舒服无比。

当然，你年轻的时候并不需要这种享受，一上床倒头就睡，管得了那么多吗？这种床是要等到你到处都可以打瞌睡，看电视时的沙发，看书的安乐摇摇椅，坐久了都想睡，但一看到床就睡不了的时候，在这个阶段，你知道你已经需要一张好床了。

现在，我们对生活质量的要求越来越高，即使在酒店，也可以选择枕头的软硬程度。好的旅馆还提供十几种枕头供你试用。但是，床往往只有一种，最多可以要求加几层床垫。要是你想要更硬的，那么只能睡在地板上了。

随着生活水平的提高，许多以前的体验逐渐减少。比如早年我们睡藤席，那时候没有冷气，睡起来是多么的清凉。大块的木板铺在凳子上，光着身子不盖被子，在露天下睡个大觉，这样的经历也早已消失。

还有讨厌的蚊子，一直干扰着我们的清梦。早年我们吊起蚊帐，整个人躲在里面，像进入母亲的子宫，这也是一种极大的享受，但今天已经不多见了。

这么多年来，我睡过各种各样的床，其中最让我印象深刻的是日本的榻榻米。直到现在，住在温泉旅馆，我还可以体验到这种享受。榻榻米上的床不叫床，而是叫"Futon"，睡觉之前才铺的，说硬不硬，说软不软，是一种全新的体验。到了夏天，旁边是一盏小灯，点燃一圈蚊香，再来一壶冰水，那是夏天睡榻榻米的必备品。到了冬天，那张被子很厚，但并不觉得重，睡起来非常舒服。

然而现在，看到这张"Futon"，我有点犹豫，因为年老的骨头已经变得很硬了，睡在地上起来要花费很多力气，所以好的温泉旅馆中有两种睡具供选择，一种是西式的床，另一种是日式的榻榻米。

睡在世界上最好的床之一的许普诺床上，只有一种遗憾，那就是为什么没早点有这种经济实力，为自己的父母买一张作为礼物呢？而那些早已经富裕的人，也很少会买这种床来孝敬父母，他们连买给自己也舍不得。

买一张高级的床，确实比买一口昂贵的棺材更好。

手杖的收藏

在这次去巴黎的旅行中，最大的收获莫过于我购买的手杖。我的收藏主要来自伦敦的詹姆斯·史密斯父子公司（James Smith & Sons）、京都的手杖屋和东京的 Takagen。我曾以为意大利会有很多手杖店，结果找遍了罗马和米兰也没有专门的店铺。之前去过巴黎多次，我却对手杖没有兴趣，这一次去才大开眼界。

我的朋友庄田在巴黎学做甜品，知道我喜欢收集手杖，就一直在专卖古董的集中地为我找手杖。这次古董市场刚好没有营业，所以她找到了一家名为"Galerie Jantzen"的店，一进去就像进了一家手杖博物馆。

这家店由一位妇人经营，起初大家都不熟悉，保持着一定的距离，但后来一谈起来，我们发现彼此可以很好地沟通。她从柜子的大抽屉里一层一层地取出手杖，每层上百根，应有尽有。

首先，我决定要找我喜欢的类型。手杖按用途分大致可以分为粗大的绅士用、细小的淑女用两种，也有小号的适合男性使用的手杖，但这些主要是用来装饰的，并非实用。有些手杖是用鲸须制成的，如果不说的话，真的看不出原材料是什么。

在手杖最盛行的 19 世纪末和 20 世纪初，男士一天要换三根手杖，早上是全木手杖，用于散步，傍晚则是银质杖头，到了晚宴时，手柄是由黄金打造的。

从埃及法老图坦卡蒙（Tutankhamun）的令牌，到英王亨利八世、法皇路易十三和拿破仑，再到美国总统华盛顿，大家都钟爱手杖。贵族和平民跟随潮流，各式各样的手杖应运而生，种类数不胜数。

以前，妇女们使用的手杖大多是类似电影《十四女英豪》中老太君使用的龙杖，与身高齐平。虽然外表可能是普通的木棍，但从原始人类开始，我们就喜欢添加一些与众不同的工具，艺术由此产生。

最先想到的当然是与饮食相关的用途，手杖一展开，就可以变成一张小桌子，从中取出刀叉、酒壶和杯子，开瓶器也是必不可少的，种类数以千计。奇妙的是，杖头可以变成胡椒粉壶口，另一端伸出尖刺，用来采摘树上的果实。

运动过后需要休息，手杖就可以派上用场了。有单车气泵的手杖，高尔夫球杆的手杖已经很常见，从手杖中还可以取出马鞭，适用于骑马。此外，从手杖中也可以取出一张网，用来捕捉蝴蝶。

钓鱼的工具更多了，各种鱼钩、鱼叉、渔网。打猎的不少，当然包括铅弹枪和气枪，枪类手杖数之不尽，刀类的更是不少。但这些手杖都是武器，不能通过海关那道槛，都已经不在我收藏范围之内了。

座类的手杖对我来说更实用一些，一展开就是三角形的椅子是最普遍的，还有一些是圆形的，也有左右展开成一张长方形的。另外还有一根中空的手杖，供屁股有问题的人使用。

城市绅士使用的手杖类型最多，常见的有一个精美的名牌袋表，装在手杖的杖头上，还有原始日规手杖。之后是一些吸烟工具手杖，有放香烟、雪茄、烟丝和鼻烟壶的，还有一些手杖可以变成烟筒或烟斗，里面当然有各种各样的打火机，我特别中意一个朗臣的打火机。

望远镜形状的手杖，我已经有了一根，就是神探波洛（Poirot）使用的那一款，但店里藏的望远镜手杖更加精美，有些手杖还可以当成万花筒来玩。我还喜欢一根双眼镜、单眼镜和放大镜合体的镶金手杖，不过这根已经被卖出去了，我请老板娘再帮我找一根。

摄影机手杖也不少，有些手杖上还可以抽出三脚架。有一根手杖和摄影无关，细窥之下，才发现它上面都是春宫图案，当年的绅士玩得很开。

八音盒手杖售价不菲，但每一根都状态良好，打开后奏出各种名曲。还有小提琴手杖、吉他手杖、笛子手杖和洞箫手杖。有的抽出来后是个铁架，可以给指挥用来放乐谱。

最精致有趣的手杖是烛光手杖，里面藏有火柴、蜡烛和反光器，还有手电筒。说到有趣，游戏类的手杖最多，有骰子、多米诺骨牌、飞镖、吹镖、桌球棍等等。

对我来说，与我的职业相关的手杖也非常有趣，有的棍子里可以装稿纸、钢笔和墨水，而另一根手杖更大，整个杖身是铅笔。

最精美的，棍筒中可以抽出整套的水彩画具。

淑女的有扇子、化妆箱、香水壶等。

偏门一点的，有采矿石凿子的手杖。

店主妈妈名叫劳伦斯·扬琴（Laurence Jantzen），她送了我一本她写的手杖书。我才发现店里的手杖书不少，买了又买，店主说："花那么多钱买书好还是不好？"

"专门知识的书，能找到已不易，况且很便宜。"我回答。

我们一起离开店，母女两人为我送别。我用了电影《卡萨布兰卡》中的一句对白："我相信，这是一段美丽友谊的开始。"这句话非常贴切。

懂得花

什么叫幸福？

出入不必用保镖，自由自在，大排档蹲下来就吃，没人管你，这才是幸福。

当今的富豪怕被绑架，都要雇保镖。保镖有什么好的人选？当然是喔喀兵了。英国人一走，便把他们抛弃。当然，他们不能眼睁睁饿死，既然已受过训练，当保安是唯一出路。

喔喀兵的确可靠，尤其老一辈的。

我曾经有一个构想，拍一部喔喀兵的电影：一个不想再杀人的小卒，被他的同僚追杀。怎么打，怎么设下陷阱，怎么反击，等等，都是好材料。

时下的喔喀兵，有没有他们的前辈那么英勇？我不知道。但他们一穿上西装打起领带，已失去一半威风。

我们不应该在乎这些，让身边的人穿得好一点，这能花多少？不着西装，穿设计好的制服，像德国军官那种，歹徒看了也不寒而栗。

很久之前，在大机构做事的时候，也见过港督的保镖，长得像公子哥儿，斯斯文文，一身阿玛尼西装。天气一热，在休息时脱下西装，露出腋下的枪套，原来还是丝绸做的。不知道有没有服装津贴？

如果有一天我也成为富豪（那是永远不可能发生的事），也会请保镖。

眼食

柜台上摆着的观音，是虞公窑曾氏兄弟的作品，头部和发饰精工细凿，衣服折痕则以朽木抽象表现。写实和写意，升华成另一境界，看着舒服无比。

观音身旁放了一只猫头鹰，是用阿寒湖漂流下来的木头雕刻的，作者是位寂寂无闻的日本艺术家。鹰身肥大，头是另一块木头配上的，可以旋转，造型可爱。

每次买到悦目的东西，都放在观音像前供养。鲜花无间，有时是蝴蝶兰，到了牡丹季节，让花在菩萨下怒放。

发香的，更常放置，像姜花和白兰，或献上茉莉一盆，追悼黄霑。

并不只于花，蔬菜也行。油菜正当季，买了一斤，去掉多余的叶子，采其花与心，插在钉座上，再浸于水，不逊寻常的花朵。

韭菜花直插也很漂亮，观音慈悲，也不会当韭为腥。

红的西红柿一串串，来自意大利，晒干了，亦是好食材。又黄又绿的灯笼椒，比任何人工艺术品都好看，佛看了一定喜欢。

把那只猫头鹰的视线转过来。它表情调皮，但在菩萨面前不敢撒野，乖乖地看着。有时菩萨面前摆了一个佛手瓜，像老和尚合十。猫头鹰一定在想，佛手瓜好不好吃？

前几天到大阪，就在黑门市场里买了两个肥胖的白萝卜，柚子般大。头上长着切去叶的茎，像冲冠的怒发。不管多重，也拾了回来供养。茎部过些时候枯竭了，每天看着它长出又细又长的幼叶，生命力真强。

果实更是最佳的摆设，友人送了我一个巨大的柿子，一口吃掉的话，存在的时间太短暂，摆在佛像下面，看了很长的时间。

眼食，到底比口吃为佳。

替男人选西装

从前一套名牌西装 1 万多港元，在 2015 年已涨到四五万港元了。

为什么要买这些店的，而不在附近找裁缝做？道理很简单，人家的高科技机器，把领子熨平后，领子怎么弄都不会皱，我们的脱了下来挂在手上，一下子就变成"油炸鬼"了，所以买西装的钱不能省。

年轻人买不起不要紧，当今很多牌子卖得便宜，像马莎（M&S）、飒拉（Zara）等都卖西装，他们也有熨领子的机器，买一件卡其（Khaki）料的，简简单单，穿起来也够体面，不一定要跑到欧洲名牌店去找。

有了多余的钱，就去投资一套好西服吧！跟流行的话，年轻人会选择杜嘉班纳（Dolce & Gabbana）。2015 年流行的都是窄衣窄裤的，有些裤脚还短得露出一大截袜子。这些西装，再过一年半载，看起来就十分滑稽，而你的投资，就泡汤了。

长期来看，一年买一套夏天薄的，买一套冬天厚的，加起来，十年你就有二十套，二十年就有四十套西装可以不断地更换，你的衣柜已是一个宝藏。

不会被嘲笑过时吗？中庸的西装，我可以保证，至少可以穿二十年。不是大关刀领，也非太窄的裤子，那种两粒至三粒纽扣的西装，在这二十年甚至三十年内，你穿到欧洲去，还是被尊重的。

上衣不会改变太多，裤子的流行变化才大，我们要是一成不变，当然成为笑话。当今只要多买几条裤管没那么宽大的，就不会落伍。

料子才是应该注重的，对方要是识货之人，一眼便看出料子好坏，好的料子自己穿在身上更增加自信。春天买海蓝微型钉布（Marine Blue Micro-Nailhead），夏天买奶油杜邦丝（Cream Dupioni Silk），秋天买牛津灰色鲨鱼皮纹（Oxford Gray Sharkskin），冬天买剑桥灰色精梳法兰绒（Cambridge Gray Worsted Flannel）。或者简单一点，天热时来一件又薄又轻的没有里子的麻质浅色西装，天冷时来一件小茄士咩深色西装，已够应付。

西装还有一种四季皆宜的丝质料，通常是卖得最贵的。穿这种料子的人夏天有冷气，冬天在有暖气的室内，外出有车子接送，不必穿太薄或太厚的西装。

追求变化时，第一件要买的就是布雷泽（Blazer）了。它即便穿得隆重也能显得轻松，适合出席户外活动，颜色只限黑色或深蓝，特点在铜纽，多为三排六粒，上两粒是装饰，右边的两粒实用，也有深蓝的纽。纽扣有时代表了西装的牌子，纽扣带着一个 D 字的登喜路（Dunhill）西装就是一个例子。

如果有需要的话，再多一件燕尾服（Tuxedo）好了，会穿衣服的人不太用这个名词，都叫它晚礼服（Dinner Jacket）。要穿的话，别太马虎，得来一整套：丝领的上装，左右带丝条纹的裤子，结领花的恤衫、黑纽子，配袖纽、丝质束腰带和光溜的皮鞋，背心穿不穿随你，但上述的基本不可缺一。一生之中买个一两套，当玩好了，穿不穿不要紧。

穿西装的最大忌讳是袖子多数太长，不露出一点衬衫袖口；颈背不合身，肿起一圈，更是不可饶恕的。伦敦的萨维尔街（Savile Row）有好的裁缝，十几二十万港元一件很普通，有没有这种必要，看你自己的要求，要明确知道自己要一件什么样子的，看现成的。

一般去名牌店看见有你喜欢的样子，可以叫店里的裁缝替你改好，店里都有这种服务。

值得推荐的是意大利的诺悠翩雅，他们以名贵料子见称，可以选择的面料多得数不胜数。更特别一点，冬天有他们独家的小羊驼毛料，夏天有莲茎抽丝料。他们的手工更是一流的，什么身形的都能做到最好。

其他西装店有阿玛尼，这个牌子于十多年前在一部电视剧中被捧红后，变成美国人最爱穿的西装，但在我们看来，已经一件不如一件，变成一块死牌子。

范思哲（Versace）的大多花枝招展，简单一点的有汤姆福特（Tom Ford）。

雨果博斯（Hugo Boss）在美国大花广告费，但爱好时装的意大利人和英国人都把这家德国厂当成笑话，尤其是把它的名字叫成"波士"，不俗也变俗了。

稳重的是布里奥尼（Brioni）和杰尼亚（Zegna），这两家店的料子和剪裁一贯是最好的，定做当然更无问题。如果想拥有一套四季皆宜的西装，最好在这两家店选料后请他们的裁缝做，这样不太会过时。

想穿得入时、潇洒、飘逸又不老套，也不跟时髦的话，那么圣罗兰（Yves Saint Laurent）是首选。他们的西装外面漂亮，连里子也特别设计，脱下后翻折在手腕，也相当有派头。可惜此厂只注重女性产品，男性的西装每季只设计十几套，选择很少。

爱马仕和 LV 也出男人西装，样子看起来差不多，但都有少许的变化，每年如此，每季如此，懂的人都看得出已经是去年的货。除非你很喜欢，又不在乎每套西装只穿一季，否则还是别买。

领带

西装中的领带，和袖口的三粒纽扣一样，一点用处也没有。

领带不可以当餐巾擦嘴，绑住颈项，唯一实际用途，是给别人拖着走罢了。

选择、购买、配色的过程，倒是乐趣无穷。

西装已被全世界接受为男士的基本服装，领带是必需品。买了一套西装，选一条领带的观念已经落伍。看中了领带，再衬西装才对。

穿净色的西装，适合配一条彩色的领带；反之，有条纹的西装，就衬单色的领带。这是第一个原则。

什么样的领带才是最好的领带？

首先，同样花纹的领带，绝对要避免。其次，质地不能太差。

上等领带并不一定是名牌货，但是与其买条便宜的，不如投资贵一点的。高价领带多数用人工挑线，绑了又绑，一挂起来还是笔挺，和新的一样，一用十多年。

便宜领带用了一次，褶纹迟迟不退，用过数次，已经像隔夜"油炸鬼"，到后来，丢掉的领带加起来的钱，比一条好领带还贵。

　　名牌领带有它的好处，米拉舍恩（Mila Schon）质量最佳，尤其是它的双面领带，用上一生一世也不显旧。旅行的时候，带上两三条，便可以当六条来用，但是价钱也要双倍之多。可能是太过耐用，近来已经不常见。同厂出品的领带，特色是它的边，不管领带多花花绿绿，边总是净色的，这个构思由双面领带而来。双面领带因不能折叠，所以只有用暗线内缝，有条隐藏着的边。有边的米拉舍恩领带，价钱比一般的贵，但质地水平有所下降。

　　登喜路的西装值得穿，可是它出产的领带设计保守，料子用得太厚，不是上品。浪凡（Lanvin）也有同样毛病，但花样倒是活泼了许多。其他名牌如香奈儿（Chanel）、圣罗兰、莲娜丽姿（Nina Ricci）、赛琳（Celine）等等，偶有佳作，总的来看，皆水平不高。

　　最鲜艳、最醒目的是李奥纳德（Leonard）领带，它有一系列的花卉设计，带点东方色彩，给人留下一个深刻的印象，价钱不菲。但是这种领带只能用一次，第二回就有似曾相识的感觉，不管料子多好，我也没有用了。

　　也有人喜欢结领花而不爱打领带，但是领花总带给人一种轻浮、好大喜功的感觉。有位出版界的朋友就一直打领花，而且是用领夹的那种，看着极不舒服。

　　领花只适合在穿燕尾服时打，但是不宜太小，领花一小，就显得人小里小气。

领带针曾经流行过一阵子，现在已经很少有人用这种小装饰，偶尔用之还是新鲜，但是横横地来一条金属领带夹，就俗气得很。有种珍珠针，扣在后面，领带前两颗简简单单的珠，蛮好看的。

和西装的领子一样，领带的大小最好不要跟流行，关刀一般的领子和领带，一下子就消失，细得像条绳子的也只在20世纪60年代出现过一阵子。适中的领带，只要有西装的一天，会永远存在下去。

男人的品味，从一条领带便能看出，当然这不是价钱问题，非名牌的领带，质地好的也很多。基本上，不要太过和西装撞色就是了，没什么大道理，但连这种小节也不注意，穿牛仔裤去好了。

买领带也不全是男人的专利，女人买领带送男人，也是一种学问。通常看男人喜欢穿什么颜色的西装，就买条颜色相近的送给他好了，要是他喜欢你，皱得像条咸鱼也照打，不然米拉舍恩看起来也讨厌。

最高境界是当年上海的舞女，她们会叫火山孝子为她们做旗袍，冤大头以为旗袍算得了几个钱，一口答应。哪知一看账单，即刻晕掉，原来她们做的旗袍虽然只是普通的黑色绸缎，不过一做就是同样三件的早、中、晚穿，绣的是一朵玫瑰，早上花蕊含苞，中午略微绽放，到了晚上，花朵怒放。

在男人抗议之前，舞女说还有件小礼物送给你。男人打开小包裹一看，原来是三条同样黑色绸缎的领带，绣着早、中、晚三款玫瑰，用来陪着她上街打的。火山孝子服服帖帖地把钱照付，完全地投降。

挑选领带还有一个定律，那就是夏天要轻薄活泼的，冬天不妨厚一点，沉稳一点，绵质和毛质的都能派上用场。一反此定律，不但不美观，还热个半死。

厚料子的领带，不宜打繁复的温莎结。它要三穿一缚才能打成，一打温莎结，结部便像个小笼包，只能打简便的美国结。话说回来，温莎结打起来是个真正的三角形，实在好看，但是现在已经没有多少人会打。

当然，穿惯牛仔裤的，连美国结也不会打的人也不少，只有求助于旁人。也有人只会替别人打领带，自己不会打。

领带的乐趣

打开箱子，翻出一大堆的领带，至少也有几百条。

我对领带的爱好，受家父的影响。当年他在新加坡邵氏公司上班，也常打领带，最喜爱的那条是全黑的。别人迷信，说有哀事才打，爸爸才不管，一直打着，在公司也有"黑领带"的外号。

箱中也有无数的黑领带，颜色一样，但暗纹不同，有窄有宽，跟着时代流行转换。穿蓝色衬衫，黑西装，黑领带，看到的人都说大方好看。

其中有些黑领带是双面的，一面黑的，一面红的，或者有五颜六色的斜纹，由名厂米拉舍恩制造。这家厂的制品最好，完全手工，织得上稀下密，打完后一挂，翌日笔挺，不像什么利莱牌劣货，打完皱得像一只"油炸鬼"，久久不能恢复原状。

我买领带绝不吝啬，在外国旅游，一看到喜欢的即买。选领带有一门学问，那就是你走进一家领带店，那么多的货物，买哪一条？很容易，像鹤立鸡群一样突出的，一定是条好领带。

在做《今夜不设防》这个节目时，更需要每次打不同的领带，因而我的收藏逐渐丰富，但买来买去，最吸引我的不是色彩缤纷的，就是纯黄、纯红或全黑的。领带能和衬衫及西装撞色，并不一定要一个系统的颜色才顺眼，比方说浅咖色西装，蓝色衫，撞上一条黄色，也很好看。

但说到耀眼，还是要遇到丁雄泉先生才懂得。丁先生对色彩的把握非常了得，什么大紫大绿、粉红的广告色等俗气的颜色，一到他手上，完全变为艺术品。

丁先生的西装，有时是他自己的画印在布料上做出来的。他的花花世界中有无穷的变化，就算黑白，也被他画出色彩来。

举一个例子，有一回他来港住在半岛酒店，我接他去参加一个酒会。那次他的行李丢失了，没有他独特的领带，就叫我陪他到尖沙咀的后街，从一家印度人的商店买了一条便宜的黄颜色的丝质领带。回房间后，他用黑色的大头笔，在领带上画上一群游动的小鱼。穿上黑西装、黑衬衫后，那条黄颜色领带简直色彩缤纷，酒会中不断地有美女前来问领带是哪里买的。

后来，我就向丁先生学画，也没举行过什么拜师礼。总之，我们之间的友谊，像兄弟，像父子，像师徒。他一年来香港两次，我也尽量每年两次去他阿姆斯特丹的画室学习。

"我能教你的，不是怎么画画，而是对颜色的感觉。"他说。

从此，我买了大量的白色丝绸领带，每条二三十港元，将领带当成白纸或油布，不停地涂鸦。当我打了领带到米兰或巴黎的时装街头时，很多人会转头来看。欧洲人的个性就是那样，他们不会遮掩对美好事物的赞美。

"噢，是李奥纳德?"男男女女都那么问。

这家厂的衣服或领带的颜色非常缤纷和独特，每条数千港元，我也买过很多，后来自己会画了，就省了不少钱。

丁先生用的颜料，是一家叫 Flashe 的法国厂制造，属丙烯酸，说得白一点，就是乳胶漆，可以溶于水，但是干后又不会褪色，可水洗。Flashe 的产品比英国名厂的还要鲜艳，有的还加了荧光画的领带，打上领带去跳舞，紫光一照，黑暗中还能发亮，领带晃来晃去，舞伴和周围的人看了也欢呼。

这些自己画的领带用了好久，近年来我喜欢穿"源 Blanc de Chine"设计的中式衬衫，圆领的不必打领带，就逐渐少画了。

剩下的不停地送人，已不够用，索者还是不断前来。曾经有家在机场卖领带和围巾的公司向我提议，要把我那些图案印在丝带上出售，但没有结果。

最近我计划在淘宝网上开一个网店，同事们都说领带会好卖，已经谈好一厂家专做一批，小生意而已，有兴趣可以买来玩玩。

自从硅谷人不修边幅，国家领袖又要亲民，打领带的人愈来愈少，不过领带会从此消失吗？我想也未必，到了隆重场合，始终要打上一条。

领带是优雅年代的产物，为什么发明？传说纷纷，最讨女人欢喜的说法是：为了要牵住男人，显然不必像牛一样地由鼻孔穿去，绑在颈上就是。这当然是笑话，男人的西装，打起领带来，还是好看，因为好看，所以一代传一代地留存下来。

在领带的全盛时期，生产过不少的花样。我在童年，还看过方便领带。这种领带已经打好了结，绑在一个三角形的塑料模子上，有一个钩，男士们只要把衬衫领子翻好，扣上就是。

雪茄的奴隶

男人抽雪茄时，是天下最好看的。对懂得欣赏的旁观者来说，这简直是种视觉享受。而且，燃烧中的雪茄烟，比任何男性化妆品都要纯厚和香郁。能够与雪茄匹敌的，只剩下陈年佳酿白兰地。

抽雪茄的人，除了有味觉的高级感觉，还有充满自信的成就感。你如果担心烟味会弄臭友人的客厅，或自己家中卧室，那你已经没有资格抽雪茄了。试想，谁会怪温斯顿·丘吉尔（Winston Churchill）呢？

抽雪茄的第一个条件是拥有控制时间和局面的自由。

拼命吸啜，怕雪茄熄灭，已犯大忌。

紧张地弹掉烟灰，更显得小家子气。应该让烟灰烧成长条，看看它是否均匀，即能观察这根雪茄是不是名厂精心炮制的。像水果一样，烟灰熟透了便会在适当的时候掉入烟灰缸中。

最基本的，还是把每一口烟留在口中慢慢玩赏。多贵的雪茄也有不吸啜的过程，看看袅袅的长烟，浪费雪茄，也浪费时光，天塌下来当被盖，便自然地培养了抽雪茄的气质。

错误的观念是：会抽雪茄的人，一定不会让雪茄熄灭。所以，像抽香烟一样地深吸，赶着见阎王地把整根雪茄抽完，口水弄得雪茄像泡渍黄瓜，喉咙似被济众水浸过，脸上发青，咳得头脑爆裂，真是可怜。

雪茄熄了就熄了嘛，有什么规矩说不能熄灭的？熄后重燃，会增加尼古丁的说法也是骗人的，没有科学依据。熄灭后的雪茄，轻轻地拍掉多余的烟灰，再用长条火柴转动点燃，这样的话，不用一面点一面吸，雪茄也会重新点着，只要不是隔夜，味道不会减退。

温斯顿·丘吉尔抽的是什么雪茄呢？当然是夏湾拿雪茄了。至于是哪一种牌子，当年名厂纷纷送他，大家都说是他们的那一种，但是可靠的还是"罗密欧与朱丽叶"吧。他们的七英寸雪茄就叫作"丘吉尔"。后来，其他名厂也跟着把这个尺寸的雪茄丘吉尔前丘吉尔后地叫开，"丘吉尔"成了长雪茄的代名词。中年发福后抽丘吉尔才像样，清瘦的年轻人就显得招摇过市了，但女人抽细长的雪茄才好看。

一根"罗密欧与朱丽叶"的丘吉尔，点点抽抽，熄后再点，可吸上两个小时以上。一根只卖95港元，不能说是过分的奢侈。

雪茄通常是25根一盒。贵的雪茄之中，有以小说《基督山伯爵》的主角为名的蒙特雪茄（Montecristo），一盒要卖到6000港元，每根240港元。高希霸（Cohiba）出的导师（Esplendidos）4950港元一盒，"罗密欧和朱丽叶"则是2375港元一盒。

但是便宜的菲律宾雪茄也不少，荷兰做的亦不贵。虽说丰俭由人，但是要达到抽雪茄的境界，则非古巴的夏湾拿不可。

谈到菲律宾雪茄，有种两根交叉卷在一起的，起初不懂其奥妙，后来看到赶马车的车夫，一手握缰，一手抓鞭，偶尔把鞭子放下，抽抽挂在面前绳子上的弯曲雪茄，才明白它的道理。

在美国电影抽雪茄的场面中，大亨选了一根，靠在耳边捏捏后转动听听，然后点着来抽。这根本就是在演戏，这么做只会破坏雪茄的组织，所以千万别在人家面前做这种丑态当乡巴佬。

至于保留雪茄的招牌纸环是不是过于炫耀呢？则不然，撕去也不会加强烟味。它起拢着雪茄组织的作用，要撕掉也得等将雪茄抽到只剩三分之一的时候。对付很难撕得开的雪茄招牌纸环，只要用手指点一滴白兰地，浸湿纸环糨糊的部分，即能顺利剥脱。最佳玩法是小心地将其脱下来，套在女伴的无名指上，跟她说："要是没有相见恨晚这回事……"女人当然知道你在占她便宜。但她们绝对不会在心里说："哼，你用这么低贱的东西来骗我！"好女人只会痴痴地笑。

到高档西餐厅去，饭后侍者总会奉上一盒雪茄，让你挑选。别以为名牌的就是最适合自己的，应该先看看卷叶的颜色。颜色分浅棕色（claro）、深棕色（colorado）、纯棕色（colorado claro）和黑色（maduro）。棕色较辣，黑色较甜，其他颜色介于甜和辣之间。

挑选之后你有权轻轻地按按烟身，看看是不是结实而充满弹力。若僵硬，尽管退货。

有人喜欢随手把雪茄放入白兰地中浸它一浸再抽，这一下又露出马脚，这样做只会破坏好雪茄的味道，对它是十分不尊敬的。

一般来说，雪茄像白兰地，越久越醇，经过五到七年发酵的雪茄最好抽。市面上，在原厂中藏了两年之后才拿出来卖的雪茄，已很过得去了，要是你坚持要收藏到五年后才抽，那得用一个保持一定温度和湿度的贮藏箱放置，贮藏箱数万到数十万港元一个不出奇。不过到了这个阶段，你已经不是雪茄的主人，而是它的奴隶。

陈年雪茄

对于雪茄，我实在是一个门外汉。

之所以抽了一辈子的香烟，是因为我忙了一辈子，从来没有时间让我停下来，好好地抽一根长雪茄。偶尔在一顿精美的晚餐之后，我也喜欢来几口，但到底不是天天抽，没有资格当雪茄的爱好者。

我生过一场病，开完刀后医生说非戒香烟不可，说戒就开始戒。但是，我抽了雪茄，从此打开了一个新的世界。

我每天必得享受一两根，又买了大量的雪茄图书和杂志来研究。但始终碍于烟龄之浅，很羡慕那些早已成为雪茄痴的人。

这么迟才起步，唯有乘直升机赶上。我从古巴雪茄着手，来弥补失去的。虽然名牌并不一定好，只知价钱而不懂得价值，也属暴发户心态，但是，雪茄并不像红酒，能让你慢慢去"发现"。既便宜又好的应该也是有的，但我已没有逐种尝试的时间。

雪茄和个人喜好有很大的关系，但最重要的还是比较。烟龄足够的话，可以从众多的雪茄中比较和挑选出适合自己的来。我现在只知道我爱的是够香浓强烈的，这与我的个性有关。雪茄需要配合身形，一个又矮又肥的人抽"丘吉尔"的话，非常滑稽。我身高约 1.8 米，故选择了高希霸导师（烟圈号码 47，178 毫米长，Parjo 型。Parjo 在雪茄术语上是一根从头到尾都一样大小的烟）。

抽多了，发现此雪茄有时相当难吸，新出厂之故，烟叶多油，吸湿性强，偶尔还要弄一根插雪茄的针来通一通它。此种通雪茄的针可在雪茄专卖店买到。

上等的雪茄，尾都是紧密包裹的，要用牙咬掉。当今有很多剪尾部的工具，有的是一个锋利的钢管，伸进去就能打出一个洞，有的是断头台式的刀，有的是一把专剪雪茄的剪刀，剪小一点叫半剪，我则喜欢把尾部全剪掉，所谓的"Full Cut"。这和高希霸导师难吸也有关系，主要是我认为这种剪法才够豪气。

回到新加坡时，好友林润镐兄送了我一盒雪茄，说是字画收藏家刘作筹先生去世时留下的。刘先生也是家父的好友，很爱我，常给我看好东西。我记得他最爱抽雪茄，但不记得抽的是什么牌子。那么富有的人，抽的一定是名牌吧？一看到那个盒子，虽说是古巴烟，但属杂牌。我拿了一根抽了，很容易吸，一点也不呛喉，但那股烟丝是那么香浓，要我用文字形容，根本是不可能的事，只有亲自吸到，才知道什么叫好雪茄。

刘先生作古也有二十多年了，就算是新买的，也是陈年雪茄。陈年雪茄的好处，又是另一个世界。

在香港能找到陈年雪茄的地方并不多，到大卫杜夫（Davidoff）专卖店去，能买到该厂从古巴搬走之前的产品，现已要卖到四五千港元一根了。

中环文华酒店隔壁有家叫"Cigarro思茄"的店，也卖陈年雪茄。看到收藏了四五年的杂牌，卖得也不贵，但抽起来和新的没什么两样，要吸真正陈年雪茄，当然不止这个价钱。

老雪茄贵，倒不如自己贮藏，所以店里有一个很大的收存室，以最适当的温度和湿度控制。

客人可以付四五千港元的年费，租一个空柜来放雪茄，要不然在店里买一个大雪茄箱，便能免费寄存。

该店经理谢健平介绍给我一本很厚的雪茄书。咦，为什么在书店里没看过？原来是新出版的，书名叫《图解革命后夏湾拿雪茄百科全书》（*An Illustrated Encyclopaedia of Post-Revolution Havana Cigars*）。

那么一本内容齐全和设计精美的图书，作者原来是一位叫"Min Ron Nee"的香港人。

和别的书不同的是，它对陈年雪茄作了详细解说，实在非常难得，我想外国的许多雪茄专家要被折服。如果选香港出版界全年最好的，则非此书莫属。

至于什么才算是一根好雪茄，书中是这样分析的：

陈年雪茄是古巴雪茄最神秘和迷人的，烟味本身随着年份而改变，而这种改变至今还不能完全根据科学来了解。不像红酒，研究的书很多，甚至在夏湾拿，都很难找到陈年雪茄的数据。铁定的事实是，像红酒的年份，一藏起来就是以数十年计，绝对不是人们能说："把雪茄放在盒里面两三年，味道就好。"

在香港，抽陈年雪茄在作者祖父的年代已盛行，香港人存放1万到5万根是常事。

陈年雪茄要经过几个时期：一是生病期，二是第一次成熟时，三是第二次成熟期，四是第三次成熟期。

生病期时，雪茄带了阿摩尼亚（为无色液体，有刺激性，主要成分为氨水）味，湿烟叶卷成雪茄，烟叶还在发酵。经过四五年雪茄才进入第一成熟期，尼古丁的苦涩也逐渐消失。十至二十五年属于第二个成熟期，烟中的丹宁酸已全分解。和二十年的一比，五十年的雪茄产生了一种叫作"飘然仙姿"的韵味，这是第三个成熟期了。

最过瘾的是读到作者的序："请注意这里发表的，纯粹是我个人的见解，当提到'大家一致的意见'或'众人认为如此'，那都是我私人的印象和了解。这世界美好之处，是各人皆有不同的信仰、想法和喜恶。你的和我的不同，并不重要了。"

香港藏龙卧虎，大家都能像"Min Ron Nee"一样将经验以书的形式留下，才对得起香港。

香妃

如果有一天，我下定了决心把香烟完全戒掉的话，那么我会一天到晚抽雪茄。

当今享受的雪茄，多数是好朋友送给我的，我自己很少购买。喜欢抽雪茄的人通常爱与人共享，他们有能力买到好雪茄，就有能力请客。而且，懂得欣赏雪茄的人，是生活很优雅的人。优雅的人，必然是大方的。

我对雪茄是门外汉，又与香烟的缘分未尽，偶尔抽一两根是愉快的，但因俗事缠身和为生活奔波，还没有资格停下来抽雪茄。

这些年来，被友人熏陶，加上自己的好奇心重，抽过多种牌子。到了做全职雪茄人的时候，我的选择又如何？这可是一件有趣的事。

对于我这种人，滋味是其次，我认为选雪茄首先要考虑外形。

又胖又矮的人当然抽短小精悍的罗布图（Robustos）了。胖子一个，但身材高大的，除了"丘吉尔"那种 0.17 米到 0.2 米之巨型雪茄，不作他选。

矮子抽大雪茄，高佬抽细小的，都很滑稽。

像我这个身高约 1.8 米，但又不是太胖的老头，抽高希霸的宾利（Panatelas）或者大卫杜夫的 NO.2 最适合。

买大卫杜夫和高希霸，这样对雪茄有点信心，等于买红酒买拉菲古堡（Lafite-Rothschild）和拉图（Latour）一样，贵货嘛，差不到哪里去。

大卫杜夫是最早进军国际市场的公司，在全球三十五个国家出售，对雪茄质量的控制是一流的，做生意的手腕也一流。当美国在 1962 年禁运古巴货的时候，他们从古巴进口烟叶，在瑞士日内瓦制造，与古巴的关系维持到 1989 年才结束。

从 1990 年开始，大卫杜夫的烟叶转移到多米尼加共和国种植，那里的气候和烟叶品种和古巴无异，因质量淘汰的产品比通过的还多，又有那么多年的经验，应该不会走样。但是，抽雪茄的人心里总觉得古巴产的才算最好，爱高希霸多过爱当今的大卫杜夫。不过如果找到一根从 20 世纪 20 年代到 20 世纪 50 年代古巴产的大卫杜夫，那简直是奇珍异宝，世上再也没有第二根可以代替了。

在大卫杜夫王国中，我们可以找到一切关于雪茄的专门产品，像剪雪茄器和烟灰盅等，他们也生产自己的白兰地和领带，最值得一提的是雪茄保湿盒。大卫杜夫很有先见地在禁运之前输入大量的古巴香柏木，做成令人叹为观止的盒子，盒上的光漆和木头组合时用的胶水，都是精心炮制的，一点异味也没有，否则就会影响到雪茄。香柏木散发的香味增添了雪茄的醇熟，创造出另一种韵味，更是难得。我家那个雪茄保温盒，木盒表面镶进一片完整的天然烟叶，光滑得天衣无缝。每次打开那个盒子，我都感到无比欢乐，绝对物有所值。

人家一提起真正的古巴雪茄，都有一个遐想，那就是每根高希霸皆由热情的少女在她们的大腿上搓出来的。这真是胡说八道，熟手的卷烟工至少需要几十年经验，年少无知的女人卷出来的一定凹凸不平。在落后的古巴政权下，质量管理并不严谨，但烟叶的原始味和强烈味是不可抗拒的。抽古巴雪茄的话，与其买价贵的高希霸，不如要便宜的潘趣（Punch）。讲究排场的人会不屑，但它的风味实在浓郁丰腴。

因为整根雪茄全部由烟叶制成，一点纸也没有，又不吸进肺，只在口中飘荡一番，然后吐出，所以非常健康高雅。在当今全球反吸烟运动进行得如火如荼的时候，雪茄反而流行起来。五星酒店内，如果不开一家雪茄专卖店就显得不高级。大卫杜夫早在数十年前已在当年叫丽晶的酒店里开了一家分行，我最喜欢到店里流连，有时名贵的雪茄坏了，也拿去给他们修理。

是的，雪茄也是有"医院"的。像给虫蛀了几个洞，表皮破裂，烟太干或潮湿，都可以在"医院"治疗。修补的部分，也用同一牌子的烟叶处理，味道和样子都完整如新，不是专家分辨不出。从前,香港尖沙咀么地道还有一家老烟铺会修理,可惜如今已关门,雪茄医院只剩下大卫杜夫的几家分店了。

外国的雪茄痴名人数之不清,以丘吉尔和爱因斯坦为首,弗洛伊德也钟爱雪茄,乔治·伯恩斯(George Burns)抽到一百多岁才放下,格劳乔·马克斯的标志是雪茄、浓眉、胡髭,女人抽雪茄的代表者为作家乔治·桑。

中国导演之中,我记得岳枫抽得很凶,罗维也不放下,张彻更抽得连牙齿都黑了,他们都只爱古巴烟。

为表现权威,把雪茄朝天翘的行为最为可耻,这些人根本就有自卑感。我见过许多暴发户和公子哥摆这种姿态,最后失败的居多。

谈雪茄,再多篇幅也不够,在此暂停。如果有一天我把雪茄戒掉,那只有抽烟斗了。其实,香烟、雪茄和烟斗都可以同时进行,红灯笼高高挂,那多美好!

短刀

短刀深深地吸引着我,那发亮的冷锋、有热量的鹿角手柄,两者达到完美的平衡。

我对短刀的迷恋,也许是天生的。在婴儿时,我时常抓紧拳头,但拳头内是空的,似乎握着一把短刀。

通常，一边钝一边利的短型刀才能叫短刀（Knife），这是一种防御性工具，在原始世界的树林中也可靠它生存。两边都利的，则叫短剑或匕首（Dagger），那是具有攻击性的玩意儿。"Dagger"这个单词，代表了刺杀、阴谋，我并不喜欢。

我这么一个崇尚和平的人，怎么会爱上短刀呢？我是不是心理变态？我经常这么想。直到有一次和金庸先生去欧洲旅行，路经意大利米兰，女士们都去名店买时装，我们两个人在角落头那家卖刀的专门店歇脚，他大买特买，自称是短刀迷。那时候我才知道我也是正常的。

从石器时代开始，人类就已学会制造短刀，用石头凿成的短刀，当今在博物馆中可以看到。美国著名的考古学家埃里特·卡拉汉（Errett Callahan）也是位爱好者，他常找石头制造的仿古石刀，很受爱斯基摩族人尊敬。

另一位石刀专家叫邓尼·克莱（Dunny Clay），如今在佛罗里达的迪士尼乐园任职，闲时制造石头短刀，又用牛骨做成刀鞘，精美到极点，有时也用长毛象的化石做成刀，极有收藏价值。

美国的短刀业最为发达，可能是受西部开拓时代的影响。很多折叠型的短刀，除了刀，还可以拉出几把钩子，用来清除塞在马蹄中的杂物。

所有制造枪械的工厂都出短刀，雷明登（Remington）的款式最多，温彻斯特（Winchester）的线条优美。前者生产的巴洛刀（Barlow Knife）被誉为儿童的第一把刀，但大人也会喜欢。柯尔特（Colt）和史密斯威森（Smith & Wesson）也有许多产品。但大量生产的短刀始终不被当成艺术品看待。

这一行也有大师级人物，作品皆有个性，一看就知道出于谁之手。被称为摩登美国短刀工匠之父的是威廉·斯卡格尔（William Scagei），影响的后人众多。

约翰·罗素（John Russell）做的短刀，刻着一个 R 字，中间穿了一支箭，很容易认出。内行人称他为"爹"（Daddy）。

名刀，也不一定都出自工匠，大英雄用的刀也能万古流芳。像侠客吉姆·鲍伊（Jim Bowie）叫人专为他做的短刀，很长很大。上面三分之一是钝的，其他部分磨利，而且尖锋翘起，令敌人不寒而栗。从此，这一类型的刀，都叫鲍伊刀（Bowie Knife）。

当然，带锯齿的兰博刀也出了名，但并不受爱好者尊重。

生产最多短刀的厂叫巴克（Buck），美国人一提到短刀，都叫成巴克刀（Buck Knife）。刀虽出名，但全无艺术价值可言，连与传奇人物也扯不上关系。

我小时候有一把德国刀，柄上刻着人类创造的各种工具，我非常喜欢。当年所有的货物，凡是德国的都是好的，而日本的代表坏的。这把德国刀，我保留至今。爸爸送我的这把刀，我后来才知道是出自名厂温根（Wingen），他们生产的欧德罗（Othello）餐刀一流。

维氏（Victorinox）的十字架牌子刀，没有什么人叫得出厂名，都以瑞士刀称之。一把刀中可以藏有数十种工具，剪、钻、尺、放大镜等，数之不清，最近还加了激光瞄准器。成长中的男孩都想要有一把。

至于法国乡下人每人都有一把的是折叠欧皮耐尔刀（Opinel Knife），刃上刻有一个皇冠和一只手的标志。木头柄，刃与柄之间有个铁环，旋转之后，可以防止不小心刀锋折叠伤到手，法国人一吃长面包，就用它来切开。我们用刀，都是向外劈，欧洲人是向内切的。

拉丁美洲人最爱用的是蝴蝶刀，菲律宾人也是，手柄由两支钢铁打成，双手相对打开之后就露出刀锋，但用者喜欢一手抓着一边的柄，舞弄一番才合上，非常花巧。

随着技术的进步，有许多带着几何形花纹的短刀出现，这是把钢线压扁之后磨成的效果。有的更是掺了钢和镍，打成又黑又白的刀锋，这种工艺称为大马士革（Damascus）。

刀并不一定要实用，刻成艺术品的短刀，也有很多收藏者，纽约的珠宝商巴雷特·史密斯（Barrett-Smythe）专做这种类型的刀。我有过一把 W. 奥斯本（W.Osborne）打刀锋、R. 斯卡格斯（R.Skaggs）刻刀柄的艺术装饰风格型刀，但在搬家时遗失了。

如今我办公室有一把开信封刀，设计得最为简单，把一支一边利一边钝的钢铁，中间一扭，前后皆可运用，是个得奖的作品，好处在于不能杀人。

最锋利且永不生锈磨损又非常实用的是手术刀，但样子奇丑，又不吉祥，不为我好。

男人有爱刀、收藏刀的心理，是永远长不大的孩子。这和女人喜欢洋娃娃一样吧？许多已经成熟的女人，看到她们的照片，床头还是摆满洋娃娃的。

男人和女人最大的不同，是前者收藏短刀，只用作观赏，杀伤力不大；而女人却时常把洋娃娃从中撕开，看看它藏着的是一颗怎么样的心。

男人的玩具

如果不想长大变老，就要拥有玩具。

男人的玩具种类无穷，从金鱼、花草、模型火车到跑车、游艇、私人飞机等，最普通的还是一架照相机。

我的老友曾希邦兄，拥有多架名贵相机，他称它们为太太，一一摩挲。他反对电子相机，始终一贯用菲林（胶卷）。各有所好，我对于新科技没有抵抗力，电子相机只要设计和功能突出，我都一一买下，不当它们是老婆，当成情人罢了。

所有电子照相机之中，除了很专业的大型机之外，当玩具的，最佳产品是索尼的一系列相机。由最初生产 Cyber-Shot 的 100 万像素买到 DSG-P5 的 320 万像素。我们还共同用记忆棒（Memory Stick）相机，玩得不亦乐乎。

Cyber-Shot 虽小，但材质厚实，拿在手上过一阵子就嫌笨重了，并不理想。

同样是重的，出现了 N50-CE，Carl Zeiss 镜头还能旋转来自拍，像素已达 400 万，又有数倍的可变焦距镜头，连带着很敏感的夜间摄影观察器，当然有闪光。这一来，那个 Cyber-Shot 就很原始了。

从很久之前，读索尼的研究资料，知道他们正在研发一款更轻巧的相机，只有记忆棒那么大，可真是天方夜谭。

记忆棒相机连镜头，是要靠电子手账 Clie 才能看到拍些什么，我也买了。去外国旅行时，欧美朋友看了惊叹不已。

但是能够感动我的，是真正的记忆棒那般大，又是独立拍摄的 Qualia 016 相机。当今已面世，这次去日本，在银座的索尼大厦中看到了。

Qualia 是一条新的生产线，专卖最高质量货，专门部门设在大厦的三楼。索尼的这条生产线的标语是"感受到的话，人生变得丰富"。

而 Qualia 016 这台相机的确给你这种感觉。

相机装在一个精致的长方形盒子里面，盒子像一个瓦尔特的手枪盒，又像大盗的工具箱、国际电子间谍的随身之物。

银制手柄上有个小锁，打开一看，即那五脏俱全的相机零件。中央，是那只有 2.5 英寸（约 6.35 厘米）宽、1 英寸（约 2.54 厘米）高、半英寸（约 1.27 厘米）厚的机身，金属黑色，轻巧得令人叹为观止。

镜头焦距为 6.2 毫米，效果相当于焦距 41 毫米的菲林相机，光圈有令人意想不到的 2.8 之大，带有 4 倍的变焦。

那么小的机身，如果变焦还有个变焦环的话，就太过累赘了。变焦的控制处设计成一条长线，在相机顶部。用手指感触这条线，还能操作设置、模式更改、选择、滚动、状态监测等功能。

全机只有一个快门钮，它会在不拍时自动关闭，一按就自动开启了。

最震撼人的，是相机后面的观景器，8 厘米菲林格子般大小，非常光亮清晰。要是你嫌观景器太小，零件中有一个"viewer"，可以让你放大来看。

其他零件包括镜头盖、镜头遮光罩、望远镜头、广角镜头、闪光灯、遥控器、视频输出装置、电池、充电器，充电器是全世界电源都能插入的。

体积已同记忆棒那么小，再装一片，就占位，所以改用了最新型的 Duo，只有旧式的一半，但也有一个适配器，让你一插入就变为旧款记忆棒，可配合过期的索尼产品。

一张卡，低质量摄影可以拍几千张，高质量的也能拍 100 多张，足够了。相机也有连拍 4 张的功能。

相机重量 50 克。

可以说自从第二次世界大战生产了 Minox 相机之后，就没有看过比它更精彩、更高质量的间谍相机，直到这架 Qualia 016 的出现。

店员客气地招呼。我说："最令人关心的，还是它到底有多少像素？"

"210 万。"他回答。

"当今的已有五六百万了，怎么这么少？"

"这种体积有 210 万，已是尽了我们的能力，不能再高了。"

"你们总是把新科技保留，最新产品一出厂，背后已经准备了一个更新的来卖。如果一下子出更高像素的话，是不是可以用原来的零件，只换机身，不必整套再买呢？"

"机会很小。"他说，"更高的像素需要更大的机身和更大的镜头配合。Qualia 这条生产线和 Cyber-Shot 不同，一般的相机会一直增加像素来争取新顾客和与同行竞争，但 Qualia 是做来给人玩一辈子的。"

"好吧，给我一架!"

"没有现成的货，Qualia 是收了顾客的钱，才去制造的，需要一个多月吧。还有一点，如果出现故障，只能拿到日本来修理，希望您了解。"

"多少钱?"

"38 万日元，连消费税 40 万日元左右。"

40 乘 6.5，26000 港元。比起女人的玩具——钻石，不贵。

钻石钻石亮晶晶

"到东京去买东西，你有什么好推荐?"小朋友问。

"普通东西杂志都介绍过。香港人对东京购物很熟悉，不必我来多嘴。"我说。

"你一定要想些东西讲给我听!"小朋友无理取闹。

"好吧。"我说，"我介绍你去买钻石。"

"钻石?"

"唔。"

"日本的东西一般都是全世界最贵的，为什么要去东京买?"小朋友好奇。

"是的，日本的一般东西都比其他国家贵，但是讲到钻石，比其他国家便宜。"

"真的?"

"真的。"

"为什么?"

"经济泡沫还没有破裂之前,日本人都有钱。有了钱,送什么东西最实在?"我问。

"当然是送钻石了。"小朋友说。

"对,所以日本人买的钻石,全世界最多。"我说。

"钻石有大有小,日本人买的是什么样的钻石?"

"当时有钱,以1克拉作为标准,最多的是1克拉。"

"1克拉钻石,也有好有坏呀,到底是怎么分的?"小朋友问。

"基本上,钻石分4C。"

"什么4C?"

"Carat、Color、Clarity、Cut,即大小、颜色、透明度和切面。"

"还有呢?"

"颜色分D、E、F、G、H、I、J、K、L,透明度则分FL、IF、VVS1、VVS2、VS1、VS2、S11、S12、11、12、13 等,还有切面是——"

"别再讲下去了,太过专业,我听不懂。"小朋友大嚷。

"好，好，好。"我说，"不讲就不讲，你还想知道些什么？"

"你还没有说为什么日本的钻石是全世界最便宜的。"小朋友呱呱叫。

"日本经济低迷，泡沫一破，破了十年还没有恢复。现在日本人都在喊穷，只有拿最不实用的东西变卖，而最不实用的东西是什么？"我问。

"钻石啰。"小朋友说。

"我已回答了你的问题。"我说。

"到底日本有多少钻石呢？"

"当年好景，商人呼吁一人1克拉。"

"日本有多少人口？"

"1亿3000万。"我说，"女人占一半，七折八扣，1000万颗1克拉钻石，总少不了吧！"

"哗！"小朋友惊叫。

"为什么那么多女人买钻石？和一家叫作'Coco Yamaoka'的商店也有关系。它是日本最大的钻石公司，在电视上大做广告，说买了他们家的钻石，随时拿回去换，都可以换回相等的现金。日本女人疯狂购买。钻石既可以佩戴又可以当钱用，何乐不为？"

"现在这家公司呢？"

"三年前倒了。"我说，"日本女人要换现金也换不到了。急需钱时只有拿去当铺，当铺收得不肯再收。"

"但是，"小朋友说，"如果我要去日本买钻石，也不会跑去当铺买呀。你有什么好介绍？可以买到又可靠又便宜的？"

"我在日本工作时，有个女秘书。她是中国台湾人，叫林晓青，是个日本华侨，从小在日本长大，后来嫁给一位姓石井的日本人。石井非常忠厚。他们夫妻没有小孩子，开了一家很小的钻石店，小本经营，到他们的店里买，是有信用的。"我说。

"那么要多少钱1克拉？"

"最便宜的20万日元。"

"算港币也要13000块呀。"小朋友说，"有没有证书呢？"

"当然有证书。"我说，"要是不用出证书，7万日元也可以买到一颗。"

"7万日元？"小朋友一算："才6500港元？"

"唔。"

"你能不能担保一定是真的？"

"谁有空替你担保？"我说，"专家也会看走眼。现在的人造钻石假得几乎完美，但每克拉也要卖3000港元。我只能说我和这家人交往了30多年，对他们的待人处世信任罢了。如果当成投资，我绝对不推荐人家买钻石。当然啦，如果是小礼物，没有证书也不要紧。”

“好呀。”小朋友说，“下次去东京，顺便买颗来玩玩。他们会说中国话吗？”

“林晓青的普通话和福建话都不错，广东话就不太好。乘山手线去御徒町车站，打个电话，她会来接你。”我说。

“给个地址和电话。”小朋友说，“公司叫什么名字？”

我说：“叫 Diamond Plus。”

颂椿

山茶花，日本人称之为“椿”，发音为“Tsubaki”。

《说文解字》中记载：“上古有大椿者，以八千岁为春。”

日本人见它是春天开的第一朵花，所以在木字旁边加了一个“春”字，古名为海石榴，发音亦为“Tsubaki”。但也有学者说是因为山花叶厚，取自厚字的“Ajsu”，和树叶的“Ha”变音，木字则为“Ki”，三字组合而成。

野生的山茶树能长到 30 多英尺（约 9.14 米）高，接枝之后矮小得多，像茶树一样，人可俯身去采。山茶树开七至八瓣的花，最常见的是红色山茶，日本人常将它当成篱笆。

山茶名字带茶，但不能拿它冲泡。不过山茶树一身是宝，花供观赏，籽能榨油，因木质硬，山茶木烧炭最佳，不爆裂又耐久，也可以拿它来制造厨房用具。头大、身体又圆又长的日本木偶，用的是山茶木。山茶木烧成灰后，可当染料，呈紫色。但这一切都有其他东西代用，所以山茶象征着不合时宜。

在香港也常看见山茶，山茶一年四季都能开花。我们不太重视它，也许起个什么富贵名字才有销路吧？山茶花在大雪中开，很耐寒，又能在南洋生长，不怕热。

家父最爱山茶花了。花园中种的好几株，都是他亲自接种的。一株树上开了形态不同的红、黄、白三种颜色的花，小时候以为是他把塑料花插上去骗我们这群孩子的，用手去摸，才知道花是真的。有时，看到老人家在欣赏山茶，他低着头，是在思念远方的故乡吧？

家父的兴趣，引起我的好奇。但是一闻山茶花，不香。花怎能不香？我偏爱只有香味的花，一直在想，世上有没有香山茶呢？忘记问父亲了，不然他一定知道。

长大后看小仲马写的《茶花女》，其中有一段情节，说追求茶花女的众公子之中，有一个送了一束香花给她，茶花女大发脾气："你知道我闻到花香就生病的！"

原来茶花女对花香特别敏感，所以她一向只拿山茶花，避免咳嗽，这更证实了山茶花是不香的。

与《茶花女》同期出版的小说，还有《花儿寓言》，作者路易莎·梅·奥尔科特（Louisa May Alcott）笔下描写了铁石心肠的威尼斯美女，她丈夫抱怨："你像一朵来自东方的山茶花，美丽但是不香。"

她不理伯爵丈夫说些什么，继续去参加舞会，伯爵死了，她才后悔："没有爱情，女人不能活下去，但是花，不香也照样开放！"

山茶花真的不香吗？后来我才知道是错的。

专家研究，在一百种野生的山茶花中，七种有香味。山茶之香，很接近梅花。东京附近的岛，以植山花著名。在岛上，自古以来就有种香茶花，它开红花，又开紫花，名叫"红紫"。红紫的香味有点像杜鹃花，杜鹃也是一种被误解为没有香味的花。后来新品种出现，也有香味，插花大师将其命名为"白吹雪"。美国植物学家也配出"粉红香"来，但一移植到国外，香味便不如在故乡那么浓了。

当今日本大量配种和接枝，生长出一千种山茶，其中有五十种是香的。

知道山茶能赚钱，美国也拼命研究新品种，出现的花像牡丹、玫瑰和蜡梅，每年有一百多种新花，把名字和照片登在网上，标明价钱，待同好中人来买。

一般人都相信山茶花的原产地在日本，连洋鬼子也把山茶称为"camellia japonica Linne"。我在中国寻找山茶，见过上千年的巨树，比日本文字记载中的早。漫山遍野的山茶，其榨油技术不变，先将山茶花籽煮熟，用巨木压之，此时云雾迷蒙，阳光射入，实在是一幅美丽的画面。劳动人民一边榨油一边唱山歌，痛苦之中不忘欢乐，令人感动。

奇怪的是该村村民脸上少皱纹，医院又少有心脏病记录，原来他们吃的用的都是山茶油。它是古代最珍贵的护发素，一般妇女只能用挤过油的茶渣来洗头。因山茶油沸点很高，不易生烟，烧起菜来更是一流，比橄榄油更佳。

如果你对山茶也有兴趣的话，可以到横滨的子供之国公园，从大门走入，向中央广场往北走，就会闻到一阵阵的山茶花香了。

那里有 600 种不同的山茶花，现在由资生堂赞助培养。这家公司不断研究山茶花的香味，可能是因为它的商标上有两朵山茶花吧？

原来我父亲一早就玩山茶了，我现在才愈来愈佩服老人家的博学，他常挂在嘴边的是"把生活水平提高"，我也一直提倡。电台访问我的时候，女主持人说："蔡先生已是成功人士，有名有利，当然可以把生活质量提高，但是我们这些人呢？"

听到这种言论，我颇反感，当年家父平凡人一个，但他有生活情趣，放工回家种种花，用得了几个钱呢？

如果在现实生活中不种花，心中也可以种啊！想想总可以吧？我怕有些人连想都不敢去想。

把山茶配种接枝，创造出香味耐久的花，我保证资生堂一定找上门，大撒金钱来买你的新品种。

谁说玩物丧志？养志还可以发财呢！

贴身"情人"

天下"情人"，最忠实、最贴身的，莫过于你腕上的手表。第一个"情人"，我称其为梅花唛（Titoni）。

金壳的表是需要上链的，若忘了上链就会停止走动。当年，其他同学的腕上还空空如也时，我戴着梅花唛，感到无比的光荣。

家父有个朋友在新加坡代理梅花唛，半卖半送给了我。每当看到这商标，我就会想起这位世伯。如今，中国内地掀起了一阵手表热潮，香港的杂志和报纸上也充斥着名表广告。手表可以卖到数百数千万元，收藏起来是一件容易的事，毕竟它们如此小巧。

尽管梅花唛价值不算高，但它又复活了，跟随着它的有西马（CYMA）、英纳格（Enicar）等，大概都是乡下人买的吧？就连日本人也不服输，精工表又宣传了起来。

出国时，父亲带我到表行，让我挑选一个新的，因为旧的表已断了链。也不是眼光高，运气的缘故吧，我一眼就看中了一个可以提醒时间的表，发出的响声极大。我决定要它，虽然在当时还不是什么名表，但价钱可算贵的，父亲也慷慨地买下了。

这第二位"情人"，一直陪伴着我。有一次因公干来到香港，亦舒看到了，还道："想不到你这个新加坡人还识货，这个积家是世界上第一个闹表。"

已戴了多年，没学会珍惜。有一次，多个老友一起喝酒，有人说："我们终身结盟。现在，请大家脱下身上任何一件东西，投进这个大玻璃罐里，当成血，把它喝了！"

大家举手赞同，女的取下耳环，男的拿下戒指，都放进罐中。轮到我，就把那个积家丢入，豪气得很。

最后众人当然取回物品，我那个"情人"，溺毙了。

回到香港工作后，遇见第三位"情人"，它是一款自动上链的劳力士，人们称之为"五支火柴"，因为皇冠上有五根刺。

许冠文说："人类不知道用什么来表现他们的成就，第一件要买的就是腕上的劳力士，第二件是奔驰汽车。"

我当然认识劳力士，但目的与众人不一样，我一身蓝色衣着，选它是因为有蓝色的表面。当时亦舒还为此发文："从来没看过一个那么爱蓝色的人。"

劳力士用了多年，总觉得它重。有一回日本举行影展，出席者一个人获得一只表，白色表面，暗花印着灰颜色的一排带齿洞的菲林。一戴在手上，咦，怎么那么轻？那是因为它是个石英表，准得不得了，换了几次电池，还舍不得丢掉，它是我第四位"情人"。

这只石英表有一条很轻巧的弹簧带，特别方便脱下和戴上。自此，我与弹簧带结缘，直到我遇见了让我惊喜的宝格丽（Bvlgari）。

有一年，金庸先生邀请我游意大利。在米兰的精品店中，他的太太向我介绍了宝格丽的绝色佳人，这是一款金壳黑面的表，外形吸引我，但更让我赞叹的是那条钢带。手伸进去，拉紧，有个金钩子，一下子扣上，简直是艺术家才能设计出的作品。它成了我的第五位"情人"。

"收藏手表，首先要懂得价值，像你手上的宝格丽是只石英表，没有机械。机械表要由几百个部件组成，人工组装，以人力物力来算，也是值钱的。"有人批评。

尽管有人批评，我还是非常爱它，每天戴着它，将它当成珍品。虽然表面和带子都花了，但我觉得它更加可爱。只是它太过亮眼，总是让陌生人多看几眼，这种感觉让我不舒服。对我这个经常在各国旅行的人来说，它并不合适。

一有时差，所有一地时间的"情人"都失去作用，所以买了一只雅典（Ulysse Nardin）表，这是第六位"情人"。它有一个掣，秒针不变，单击时针跳一小时，方便我对准当地时间。价钱不贵，设计大方，但并不出众。去了南非，和尚袋被小偷搜掠，其他东西失去，此表还在，不识货也。

返港，思念老"情人"，表店里有积家闹表的怀旧版，即刻"娶回"当第七位"情人"。但我发现机械表总有机械表的毛病，放置一段时间就会停，而且戴久了总要迟几分钟。

这时，看到广告，这也是一个机械表，但有另外一个最大的好处，那就是有自动发光的光管，比一般磷质夜光表还要亮几十倍，黑暗之中，还可以用来照耀枕边人的俏容。

之所以是梦寐以求的"情人"，是因为我这个人一起身就要看时间，有时在外地不知身是客，更是彷徨，不看表不行，有这位叫波尔的"情人"相伴，不愁也。

波尔带来不少"丫鬟"，有两地时间的，有黑脸的、白脸的、黄脸的，全换上弹簧带，不算是一位，成一家族，那是第八位"情人"。能当上第九的，是一个全黑色波尔，外壳用比钻石还要硬的强力炭制成。时、分、秒以及表面镶嵌了六十三枚自体发光微型气管，在漆黑中等于一把小火炬。

我习惯于把分针校快五分钟，总是怕不准，怕迟到，这是欺骗自己的行为，但不这么做我不安心。

我为追求时间准确着迷，也许是因为人生到了这个阶段，每一秒钟都觉得要珍惜，到底天下有没有一个永远是准时的

"情人"呢？

终于给我找到了，第十位"情人"是一个价钱便宜的星辰表，它的宣传口号是"超越了准确，完美时计之新基准"。这是一个电波表。

它自带收音机功能，通过腕表内藏的天线接收电波，在中国河南省商丘卢城县有发射台，发出标准时间数据，自动调整时间和日期，并具备闹钟和亮灯功能。

另有多个发射台，一个在欧洲，一个在美国，还有一个在日本，我到了其中任何一个国家，都可接收当地信号调节当地时间。它不是机械，也不是石英，而是太阳能的，以任何光源来充电，不必用电池。

它看上去很重，但戴上后感觉非常轻巧。我现在不必再校准时间，它是最准确、最可靠的了。

这款表让我想起小时候看过的一部德国黑白片《蓝天使》。男主角是一位教授，非常守时。他每天早上9点一定会经过市中心的钟楼，但大笨钟总是慢了5分钟。观众都知道大笨钟慢了，但他仍然习惯于按照它的时间来，因为那是他守时的习惯。

如今，我也有了这种感觉，终于找到了完美准时的"情人"。

生活智慧与享受

年轻 vs 年老

每一个人只能年轻一次，大家都歌颂青春的无价：我的青春小鸟一样不回来！千万别浪费它。

但是，每个人也只能一次中年、一次老年。人生每一个阶段都珍贵，何必伤春悲秋呢？

遇到老者就像遇到麻风病人一般逃避的年轻人，不必去骂他们，终有报应，有一天他们自己总会变老的。

老实说，我并不喜欢年轻时的我，我觉得我当年不够充实，鉴赏力不足，自大无知，缺点数之不尽。看以前的照片，只对自己高瘦的身材有点怀念，还有剩下的那点愤世嫉俗的忧郁。

在衣着方面，当年的色调只肯采取白、灰、蓝和黑色，除此之外，一切免谈。不知从何时开始，我对鲜红有了认识，同时也知道了丝绸贴身的感觉，更爱麻和绵对肌肤的摩擦。穿牛仔裤的人，岂能了解？

年纪大了，如果能穿一整套棕色西装，衬着同颜色跑车，在繁华的大道中下车散步，背后有夕阳，那当然最好。要不然，只要穿得干干净净、整整齐齐，也比衣着随便的年轻人好看。

不过，现实问题是，有一些钱是更好的。

从前年轻的时候，一桌子十二个人，我年纪最小；但是现在同样一桌子十二个人，我年纪最大。从前和现在，不过像是昨天和今日，快得很，也没什么大不了的。不过很奇怪，当我是最年轻的时候，我已经想到有一天我是最老的，我好像一早已有了心理准备，所以一点也不感到惊奇。

老花眼镜，我在三十岁那年已经戴了。当时看书一直感到吃力，到东京公干，朋友介绍我去找一位最出名的眼科医生，他检查了一下，就断定是远视，给我一张账单，是个天文数字。我抗议。那眼科医生笑笑，说："这叫作聪明老花呀！"

结果钱付得舒舒服服地走出来了。

我在这个故事中又悟出一个哲理：要老，也得老得聪明一点；要老，就老得快乐一点，被骗也不要紧。

快乐的定义每一个人都不同：有些人只要半个老婆就满足，但是要很多钱；有些人三餐公仔面就够，但是要很多钱；

有些人只要去卡拉 OK 就行，但是要很多钱。

刚才说过，有一些钱更好，不过有钱要懂得怎么去花才快乐，不然只是银行簿上多一个零和少一个零的问题。

年轻人多数不懂得花钱，因为他们连经济基础也没打稳。上年纪的人也多数不懂得花钱，因为他们怕生病，怕更老，怕钱不够花。

花钱是中年人和老年人第一门要学的课程，可以先从送东西开始。

送礼物的快乐不单是在得到礼物的人，送东西的时候的快感，不单是用金钱衡量，而要花心思，要时间算得准，要送得狠。

最高的境界不在一样样的东西，是送一个毕生忘不了的经验，就算这个经验是一年、一天或几个小时。

年轻人最多只是送送花和巧克力，那是最低的手段，偶尔他们也能送上身家，爱上一个坏女人，什么都奉献。年纪大一点的，当然不会做"火山孝子"。

最佳礼物是承诺。

承诺的技巧在于有很诚恳的态度。上了年纪，脸皮较厚是一件当然的事，因为他们失败得多了。到后来连自己也迷糊了，就把在年轻时候的种种不愉快的经验变为美好，成为事实，等于他们的人生经验了。最后，他们还能把这些经验写成文字，读者高兴，他们自己也能赚稿费，何乐而不为？

年轻人说：你们老了。

不，不，不，我们不会变得更老，我们只会变得更好。

放纵的哲学

"享受人生的快乐，由牺牲一点点健康开始。"约翰·休斯顿（John Huston）说。

这个人放纵地过活，但是八十多岁才去世。所谓的牺牲一点点的健康，并非一个致命的代价。

大家都知道自由的可贵，但是大家都用"健康"这两个字来束缚自己。

看到举重的人，身体的确健康，不过做这种运动的人总不能老做下去，年龄一大，自然要停下来。到时他那坚硬的肌肉开始松懈，人就发胖。为了防止这些情形发生，他要不断地健身。试想，一个七老八十的人全身还是一块块的肌肉，和隆胸的妇女有什么两样？

又有个朋友买了一栋有公共游泳池的公寓，天天游，结果患了风湿。

注重健康，说得难听一点，就是怕死。

烟不抽，酒不喝，什么大鱼大肉，一听到就摇头。

好，谁能担保不会有人二十多岁就患血压高？哪一个人有胆说自己绝对不会遇上空难、车祸、火灾、水灾和高空掷物？

想到这里，更是怕死。

怎么办？唯有求神拜佛了。

信仰是种药，可以保持人类思想的健康。

思想的健康比肉体的健康更加重要。

一个人如果多旅行、多阅读、多经历人生的一切，就不把死当回事了，这个人绝对在思想上是健康的。

思想健康的人一定长寿，你看那些画家、书法家、作曲家，长寿的比短命的多。

当然不单单是做艺术工作的人，凡是思想健康的，不管他们出的是好主意还是坏主意，都死不了。

我总认为人类身体上有一个自动的刹车器，有什么大毛病之前，一定会先感到不舒服。如果你精神上健康，一不舒服就不干，便不会因为过度纵欲而病倒。

喝酒喝死的人，多是精神不正常的。像古龙这样的人，明明知道再喝就完蛋，但还是要喝下去，也许是他认为自己是大侠，也可能是活够了，觉得这个世界没有什么事是新鲜的了。

吃东西吃死的例子倒是不多。

什么胆固醇，从前哪里听过？还不是照样活下去。

也许有人会辩驳说那是因为几十年前，社会还困苦，人没有吃得那么好，所以不怕胆固醇过多。精神健康的人也不会和他们争执，你怕胆固醇，我不怕胆固醇就是了。近来已经有医学家研究出胆固醇有好的胆固醇和坏的胆固醇。我们只要认为所有吃下去的东西都是好的胆固醇，不亦乐乎？那些怕胆固醇的人，失去了尝试到好胆固醇的机会。

但对暴食暴饮要有节制，不是因为不想放纵，而是太肥太胖，毕竟不美丽。

最近研究出喝牛奶对身体无益，打破了牛奶的神话。当然早就说吃咸鱼会致癌，好，就不吃咸鱼。又听到鸡蛋有太多的蛋白质，吃肉只能吃白肉而不吃红肉，等等。唉，大家不知道吃什么才好。

吃斋最有益、最安全、最健康了。吃斋，吃斋。

你以为呢？蔬菜上有农药，吃多了照样生癌！

医学家建议你吃水果之前将水果洗得干干净净。心理上有毛病的人，把它们都洗烂了才够胆去吃。有些医生还离谱到叫你用洗洁精洗蔬菜和水果，那么洗洁精用什么才能洗得掉？体内积了洗洁精也患癌。

已经证明维生素过多对身体不好。头痛丸有些含了毒素，某种泻药吃了会得大脖子病，镇静剂、安眠药更是不用说了，某种程度上和鸦片、海洛因没有分别。

算了，吃中药最好，中药性温和，即使没有用也不会有多少害处，人参、燕窝比黄金更贵，大家拼命进补。但有许多例子是因为补过头，病后死不了，当植物人当了好几年还不肯断气。

植物人最难判断的是，到底他们还有没有思想？如果有的话，那么他们一定在想，早知道这样，不如吃肥猪肉，吃到哽死算了。

《人间情味》

祁文杰兄来公司找我，送上丰子恺的《人间情味》一书。他学丰先生慷慨大方、豁达处世的态度，只说一句："知道你喜欢。"

是的，我们这群受丰先生影响的人，共同点是有颗赤子之心，热爱生命，处处看到美，面对一切无常，既来之，则安之。

记得祁文杰兄还在漫画界时，我们一块出席一个晚会，他带着李丽珍，那时候座上客都感叹："好一对金童玉女！"

多年后的他，样子还是不变，但加了一份气质，这也许和他爱上丰子恺作品有关：从1990年买了第一幅丰子恺漫画后，他接着不断搜索，结果在2008年11月，即丰先生110周年诞辰时，特将藏品110幅辑录成书来纪念老人家，真是难能可贵。

之前我也遇到过不少以收藏家身份自居的人展示多幅丰先生作品，发现假的居多。其实要辨别真伪，是易事，只要多看丰先生的真迹印刷品就是。那么简单的几笔，临摹起来不难，但作者的真，像是一股清泉，即刻把污秽的假冲走。

文杰兄的这110幅藏品都经丰先生女儿丰一吟研究过，一点问题也没有，还有她做的注解，令读者更浅易地了解画的内容。

有些题材，丰先生会一画再画，像"种瓜得瓜"和"满山红叶女郎樵"等，但也有些只画过一两幅，非常难得，像几个人坐在一棵大树上，题为"苍松顶上好安眠"，是丰先生游黄山时见到一棵"蒲团松"有感而发后画的。现实生活中，树上当然不可坐人，只有欣赏丰先生作品，才能领悟这些抽象的亦画亦诗的意境。

有时丰先生读了一首诗，就作起画来，像"帘卷春风啼晓雅，闲情无过是吾家。青山个个伸头看，看我庵中吃苦茶"，只选后面两句入画。丰先生有这种习惯，画要简，字也要简。对这首诗，他曾经说："若能用此等眼光看世间一切，则世界将成为诗的世界。"

可是理想归理想，"文化大革命"已至，丰先生从来不采用的题材，像一个举起锄头，题字为"斩草除根"的，也入画了。那一定是被迫的，这和其他作品迥然有别。

从 1966 年开始，直到 1975 年逝世，这是丰先生人生中最苦难的日子，诗的世界彻底幻灭，丰先生被批为牛鬼蛇神，揪出来批斗。

之前他已经有感觉，寄给新加坡广洽法师的一幅画中有两个和尚，一根拐杖，一个包袱，题字为"城市不堪飞锡到，恐惊莺语画廎前"。这画本来由广洽法师转赠给丰一吟，但也流出市面，被祁文杰兄收购了。

谈起广洽法师，我与他有一面之缘，曾拜访蕉卜院，实现了我多年的愿望：目睹《护生画集》原稿。

法师在丰先生逝世三周年时专程返国为老朋友做法事，隆重地换上一件杏黄色的袈裟，手捧鲜花默哀时，忽然身体颤抖起来，泪如雨下。像法师这种年逾八旬，历尽沧桑、饱经艰辛的长者，必视尘俗同等闲，老人家之下泪，一定是因为前一日丰新枚忍不住将"文化大革命"的迫害告诉了他。

我也最关心这件事，一直想问丰先生的身体有没有受到伤害，但不敢提起，以免伤老人家的心。等法师去准备茶点时，我偷偷问与他同行去拜祭的老友，那位先生讲给我听："没有受到。"

我那刻欢慰，道是神明的保佑，这位老友接着说："红卫兵最猖狂时，曾经将丰先生丁母忧所蓄之长须剪掉罢了。"

关于丰先生逝世之前的事，可读丰华瞻写的《我父亲丰子恺的晚年生活》一文。

虽然肉体上的创伤不大，但精神上所受的创伤是肉体上的十倍、百倍。不过依丰先生的性格，大概会像他的一幅画：一个炮弹空壳上插了朵莲花，题作"炮弹作花瓶，天下永太平"一样，宽恕了那些真正的牛鬼蛇神。

返港后为报答广洽法师热情款待，我一口气写了一篇叫《缘》的文字，似乎有佛力呵护。胡菊人先生创办《中报月刊》来约稿，此文曾刊登在1980年3月的第2期中。

从此，我提起搁置已久的笔，写专栏至今，这也是丰先生赐给我的缘分。

回述《人间情味》这本书，祁文杰兄当天来到我的办公室，对挂在壁上的丰先生作品颇为欣赏，画中一位穿长袍的人，坐在一堆大石上面，左角有一松枝挂下。

此人表情安详，似笑非笑，画上题了"随寓而安"四个字。

这句成语本来是说成"随遇而安"的，丰先生把"遇"字改为"寓"，也突出了他的"既来之，则安之"的宗旨。

此画一直陪伴着我，一向挂在我工作过的办公室中。在嘉禾任职时期，我的老板邹文怀先生和何冠昌先生都上前看过。两位都是极端聪明的人，对我说："我知道你想告诉我们，随时可以不干，是不是？"

我听了，学画中人，似笑非笑不语。

我把得到那幅画的故事告诉了祁文杰兄，他也感觉这是一种"奇缘"，呼应了他收集丰先生作品的"祁缘"。他本人有一字号，专营中国书画古董艺术收藏珍品，免费当顾问，给客人美化居室，店名就叫"祁遇记"。

文杰兄对此画很有兴趣，终有一天，我会送给他，如今暂存吾室。我想，终有一天，祁文杰也会把他的收藏捐给丰先生的纪念馆，这种心态是受丰先生思想感染的人共有的。

寿司礼仪

香港的日本料理开了那么多，但是有些吃日本菜的基本知识，很多人还没学会。团友们经常有些问题：

问："寿司到底要不要和酒一块享受？"

答："世界上的任何一种美食，有了酒，才算完美，寿司店也不例外。但寿司是江户时代的一种快餐演变出来的，寿司店不是既喝酒又聊天的地方。如果这是你的要求，请光顾居酒屋。"

问："那么面店呢？"

答："啊，你说得对，中华拉面除外，日本面店是专给食客喝酒的，所以摆了好酒。近年来，寿司店也进步了，开始注重清酒的质量。"

问："吃寿司，是否一定要坐柜台才好？"

答："坐柜台和师傅交谈，是吃寿司的另一种享受，很多高级寿司店是不设桌椅的。"

问："那不是座位很有限吗？"

答："所以，更不应该既聊天又喝酒，屁股拉得太长的话妨碍人家做生意，吃寿司的礼仪是吃完就走，别把座位占太久。店里没有客人的话，另当别论，可以和师傅一直聊下去。"

问："那么不会讲日本话，不是很吃亏？"

答："当今经济不好，生意难做，遇到外国客人，很多寿司师傅会用手比画着讲些英语。"

问："为什么高级寿司店都没有玻璃橱窗，看不到鱼？"

答："玻璃器皿冷冰冰的，鱼虾最好放到一个桧木的箱里，再放进雪柜。虽然没有明文规定，但通常第一个木箱摆金枪鱼和鲣鱼，第二个有虾，虾是看见有客人走进店里才煮的。"

问："生客不一定吃虾呀。"

答："是的，不叫的话，留着给套餐用。虾一定是吃不热不冷的，温温地上桌，才是最佳状态，最好的寿司店会做到这一点。"

问："第三个木箱呢？"

答："第三个木箱摆鱿鱼、比目鱼等，还有海胆；第四个木箱摆赤贝、乌贝、贝柱和鲑鱼卵。"

问："为什么鱼和贝要分开摆？"

答："有很多客人要求师傅拿给他们吃，不自己叫。师傅先拿出一块鱼和一块贝，观察他们先拿哪一块，喜欢吃贝类，师傅就多拿几块给他们吃。"

问："我们已经知道吃寿司，分捏着饭的'握'（Nigiri），和只是吃鱼虾送酒的刺身，叫'撮'（Tsumami）。这两种吃法有什么共同点？"

答："共同点就是师傅一拿出来，客人最好在三秒钟内把它吃光。鱼和饭的温度应该和人体温度一样，过热和过冷都不合格。"

问："酱油要怎么蘸？"

答："握寿司的话，手抓起来，打斜着蘸，饭和鱼都各蘸一点点。用紫菜包着海胆，术语叫'军舰'的，蘸底部就是。有些小鱼小贝，像白饭鱼铺在饭团上，用紫菜围住的，很容易散开，就要把酱油瓶提起，淋在鱼上面。"

问："有些寿司师傅用刷子蘸了酱油后擦在鱼上面，那算不算正规？"

答："那是旧时的吃法，在大阪还很流行。是不是被酱油涂过的很容易分辨得出，看鱼片有没有光泽就知道。"

问："有人说吃鱼要先从淡味的鱼开始吃，像比目鱼等，渐渐地再转浓味的，像 Toro 等。有没有根据？"

答："渐入佳境也行，先浓后淡，像人生一样，也行。总之，你要怎么吃是你的选择，别听别人的意见，别受所谓专家的影响。"

问："第一次光顾出名的高级寿司店，要怎么样才好？"

答："走进去就行了，日本没有什么预约的传统，除非店里指明一定要预约。不过，第一次去有预约也好，让寿司店有个迎接外国客人的心理准备，请你入住的酒店服务部替你订位，可以预先指定要坐柜台的。"

问："不知价钱，怎做预算？"

答："寿司分三种叫法，一是 Omakase，那是交给师傅去做；二是 Okonomi，那是客人自己点；三是 Okimari，是定食，通常分松、竹、梅等级数。请酒店服务部替你问明套餐价钱，自己想吃多少付多少，就有个预算了。"

问："要怎样才能成为熟客？"

答："当然要去得多呀。第一次去，和哪一个师傅有了沟通，就向他要张名片，下次叫酒店订座时指定要他服务好了。"

问："听说有些店是不欢迎外国客人的。"

答："从前生意好，挤都挤不进去，那倒是真的。如今这种经济，公账开得少了，自己够钱来付的客人不多，外国客人去，店里高兴还来不及，哪有不欢迎的道理?"

杀价的乐趣

"一斤多少钱?"

"五块。"

"什么? 那么贵? 两块行不行? ……四块吧……四块半!"

"好，卖给你。"

"加一条。"

这不是杀价，这是买菜，是家庭主妇的专利。她们有大把时间，可以慢慢磨，这毫无艺术可言。

男人不喜欢花时间在这件事上，当然也包括了一些个性开朗豁达的女人。大家都讨厌被别人占便宜，只要价钱合理，一定成交，但是对方拒绝老老实实出价，唯有和他们周旋。

如果一开口就买下，商人虽然乐于赚一笔钱，但对于你这个大头鬼，也没好感。在土耳其的一个街市中，我就听到店里的人说:"谈价钱是我们生活的一部分，你减我的价，表示你肯和我做生意，是对我的尊敬。"

所以，不管男人多么嫌烦，也需要杀价。久而久之，杀价变成一门艺术。当成艺术，杀价已是乐趣。

很久之前，我在秘鲁特的酒店商场注意到一张波斯地毯，前面是白色，中间先见到时是大红，过后回头看又是粉红色。这张地毯深深地把我吸引住了。

店主的眼睛一亮，出来把我抓住，是神是鬼，先敬我一句："这位先生真是有眼光!"

好东西，绝对不便宜，我并没那么多闲钱可花，开始转身。

"给我一分钟时间。"对方恳求，"出一个价。"

"我以为出价的应该是你!"我说。

"好，18000 美元。"

掉头就走。

"这是一件国宝呀，那么精细的手工，还能到哪里去找?你嫌贵，轮到你出一个价钱。"店主说。

我急于脱身："我看过更好的，如果你有货，拿出来。"

对方做一个"你真是内行"的表情："好，你明天来，我一定送到你眼前。"

妙计得逞，我一溜烟跑掉!

翌日一早，甫下电梯，那厮已在大堂等待。

"货来了，请看一看。"

说什么也要看一眼吧? 走进店里，果然是一张更大、更薄的，的确难于找到这种精品。

"知道你识货，不再讨价还价，只加 2000 美元，算整数的

2 万美元好了。"他宣布。

我摇头："你既然知道我识货，那就不应该开这个价。好，我也不会讨价还价，你想一想能减到什么最低的价钱，我现在出去吃饭，回来后告诉我。"

他只好让我走。商店一般只开到下午 6 点，再迟也是八九点，我 11 点才折返酒店，他还笑嘻嘻地等在那里："为了表示我的诚意，我减一半，1 万美元。说什么也不能再低了，大家可以不必浪费彼此的时间。"

织一张那么好的地毯，最少半年，三个人制造，一个月算工资 1000 美元，3 乘 6，18000 美元，丝绸本钱不算在里面，也是一个公道的价钱。我在其他地方看到一张只有三分之一小的，也要卖 5000 美元，5 乘 3，15000 美元。而且这种工艺品像钻石，不是一倍一倍算的。

店主看我考虑了那么久："再出个价吧，再出个价吧。"

杀价的艺术，是永远不能出个价。一出价，马上露出马脚。

"9000 美元，"他有点生气，"不买拉倒。"

"拉倒就拉倒。"我也把心一横。

"这样吧。"他引诱，"你把你心目中的价钱写在纸上，我也把我的写在纸上，大家对一对，就取中间那个数目好不好？"

这是一个陷阱，但是一个好的陷阱，也是他最后一招，我总不能写一块钱呀。

什么艺术不艺术，如果你真的想要买这件东西，老早已经崩溃，如果你觉得一切是身外物，美好的在博物馆看得到，不拥有不是问题的话，那你就有恃无恐了。

"最后价钱，"我说，"2000 美元。"

成交，他伸出手让我握。为了遮掩他一开始的时候出那么高价，他说："三个月没发过市，能有多少现金是多少。你拿回去，卖给地毯商，也能赚钱。"

我感谢他的好意，心里面想："这张东西，也许本钱只要1000 美元，当地人工，一个月几十美元。"

人，总是那么贪婪和不满足。

刚去过云南丽江，有许多手工艺品，太太们拼命抢购，这里买到一件 20 块的，隔几家，才卖 8 块，快点多买几件来平衡，像买股票一样，也是好笑。

我也想买几个绣工精美的手提电话袋送人，家家都卖同样货物，我看到一位表情慈祥的老太太，自己动手在制作。走了进去，她开什么价钱，已不是重要的事了！

有声书的世界

我从多年前开始，就再三呼吁，请爱读书的朋友，接触一下有声书吧!

　　眼眸一疲倦,没有什么好过听书,声音又像母亲对子女朗读,有机会试试,这是莫大的幸福。

　　有声书最初起源于为视障者提供文学阅读的服务。但对于一般人来说,在休闲时听读小说或诗歌,尤其是在堵车途中,也比听流行曲更加愉快。

　　美国将有声书发展成了重要的商业市场,而我们却认为这样做赚不了钱,而且容易被盗版,得不偿失。

　　然而,渐渐地,中国开始觉醒,开拓了听书市场,领头的是"喜马拉雅",他们利用 FM 电台,市场份额已超过百分之五十,最畅销的作品能达到上亿的收听人数,平台用户不断增长。

　　其他平台也纷纷加入战场。我最近被一个名为"微信读书"的网站吸引,网站介绍了一些优秀的有声书,我在休养期间更加关注。现在,我已经养成了习惯,睡前必须听书才能入眠。新作品不断涌现,我也不停地寻找自己喜欢的作品。

　　目前,中文有声书还处于起步阶段,还没有像美国那样成熟,也找不到像美国那么高水平的配音员。但是,像 Audible.com 这样的网站已经开始提供中文有声书选项。他们推出了《战争与和平》《老人与海》《呼啸山庄》《少年维特的烦恼》等中文翻译版本的经典作品,当然也有本身就是中文的《骆驼祥子》《三国演义》等作品。

有些人可能会觉得这些书已经在年轻时读过了，但重温时会有不同的感受。好书可以反复聆听，像金庸的作品，可以在"金庸听书"的网站找到所有著作。除了普通话版本，还有粤语和其他方言版本，听起来特别亲切。如果你想体验听书的世界，我强烈推荐尝试一下。

当然，听原文书籍也是一种享受。Audible.com 除了中英文之外，还有欧洲各国语言，甚至有日文、印度文等，涵盖面很广。

现在中文有声书的内容相对较少，还处于婴儿阶段，没有像美国那么高的水平，也没有那么多优秀的演员来录音。像"微信读书"这样的平台，有些作品只是采用文字转语音的软件，用机械声读出来的。对于不值得用眼睛去看的书，像东野圭吾的作品，我也能忍受下来，听完了他所有的著作。

在中文网络上，一些冷门的翻译作品也有人欣赏，像《洛丽塔》《刀锋》《人间失格》等等。但大多数听众还是更喜欢《盗墓笔记》和《鬼吹灯》等畅销书。

边看文字边听书也是一种特别的体验，很多机械声的书都有原文刊载，喜欢的话，可以同时享受阅读和听书的双重乐趣。

至于英文听书，我一向不喜欢听美国腔的，尤其是加州式的美国大兵的英语，我对这一类的英文有强烈的反感，他们每一句话的尾音都像疑问句一样地提高音调。

美国人讲英语，只限于东部的还能忍受，其他乡下佬说的极为难听。讲得最好的当然是英国人，美国人属于极少数，这么多年来也只有格利高里·派克（Gregory Peck）讲得好，近年当然有演《小丑》的杰昆·菲尼克斯（Joaquin Phoenix）。

电影上有一点知识的角色，叫英国演员来担任才有说服力。像安东尼·霍普金斯（Anthony Hopkins）、加里·奥德曼（Gary Oldman）、迈克尔·凯恩（Michael Caine）、伊恩·麦克莱恩（Ian McKellen）、肖恩·康纳利（Sean Connery）等，他们都是经过严格的声线训练的，字字说得清清楚楚，尤其是约翰·吉尔古德（John Gielgud），听他念的莎士比亚十四行诗，简直是天籁。

在 Audible.com 上，我找到了两本由知名演员朗读的小说。一本是由本尼迪克特·康伯巴奇（Benedict Cumberbatch）朗读的《蓝色列车之谜》。虽然这位马脸小生的外表实在不讨喜，但在电视剧《神探夏洛克》中的表现还是令人满意的。

小时候看过《福尔摩斯探案集》，如今重温，觉得实在易读，引人入胜，又可以在有声书上把所有的福尔摩斯小说找出重听一遍。

另一本是 *The End of the Affair*，中文名译为《恋情的终结》或《爱情的尽头》，词不达意。"Affair"这个词包含了婚外情的意思，译成"情事已逝"还有点意思，作者格雷厄姆·格林（Graham Greene）把婚外情写得非常详尽。这本小说的好处在于主人公的内疚和惭愧，感动了所有发生过婚外情的男性读者。这本有声书由著名演员科林·费尔斯（Colin Firth）读出，听他娓娓道来，是极大的享受，不容错过。

野茶禅

要出远门，当然得准备好茶叶，至于要不要带个茶盅，犹豫了一阵子。

拿个蓝花米通去吧。茶叶铺的老板陈先生说："这种茶盅随时可以买到，打破了也不可惜。"

对惯于旅行的人，行李中的每一件物品都盘算过，判断是否必需，必需的方携之。沏茶总不会是个问题吧？最后，还是放弃了茶盅。

这一来可好，往后的一些日子，这个决定带来许多麻烦，但也有无尽的乐趣。

到达墨西哥，第一件事便是找滚水。我的天，当地人是不用的。他们根本就不喜欢喝茶，只爱咖啡。咖啡并非冲的，而是煮的，一锅锅地炮制，便没有多余的滚水了。

西班牙语"Agua Calentar"，是水加热的意思。拼命向人家要热水。他们不知道我要热水干什么，结果也依了我，跑到厨房去生火，他们没有水壶或水煲，用个煮汤用的锅子，把水煮沸了交给我。

拿到房间把茶叶放进去，根本谈不上沏茶，简直是煮茶，真是暴殄天物。

对着这锅茶怎么办？也不能把嘴唇靠近锅边喝，烫死人。只有倒入水杯中。"啵"的一声，玻璃杯破了，差点把手割伤。

第二天忍不住去买了个原始型电水壶，此种简单的电器，墨西哥卖得真贵，360 港币。

有了电水壶没有茶壶怎么办？这次不敢直接冲滚水入玻璃杯，但也不能将茶叶扔进电水壶里呀？

想个半天，从行李中拿出一个小热水瓶来，这是我出外景必备的工具。有一次，在冰天雪地的韩国雪狱山中，化妆师傅细彭姑爬上雪山时还带着个热水瓶，我还嫌她累赘。想不到拍到一半，快冻僵时，她从热水瓶中倒出一杯铁观音来给我，令我感动不已。自此之后，我向她学习，每到外景地前沏好一壶茶，让最勤快的工作人员欣赏欣赏。

把茶叶放进热水瓶，再将滚水倒进去，用牙刷柄阻隔着茶叶，第一泡倒掉，再次注入热水。

沏出来的茶很浓，好在用的是普洱，要是铁观音就太苦涩了。饮用时倒进杯中，茶叶渣跟着冲出来，半杯茶半杯叶，也只有闭着眼睛喝了。

演员跟着来到，先是黎明把我的电热水壶借去泡公仔面。还给我时，叶玉卿又来拿去。这一借，不回头，我也不好意思为了一个小热水壶和人家翻脸，算了，另想办法。

走过一家手工艺品商店，哈哈，我找到了一个茶壶，画着古印第安人抽象的蓝花，很是悦目，即刻买下来。

再到超级市场去进货，想多买一个热水壶，但是被中国香港来的工作人员一下子买光。小镇上，再也难找。

索性全副武装，购入一个电炉，再买个铁底瓷面的锅子，一方面可以煮水，一方面又能煮食。

回到小房间，却找不到插头：灯是壁灯，电风扇挂在天花板上，只有洗漱间那个插电动刮胡刀的勉强能用。

水快沸，心中大乐，这次只许成功不许失败，把茶叶装入茶壶，注入滚水。

准备了茶杯，倒茶进去。又是一杯半杯茶叶半杯水的茶。原来买的是咖啡壶而不是茶壶，注水口大，没有东西隔着，所以有此现象。

经过几番折腾，后悔当初不把那个茶盅带来，中国人发明的茶盅实在简单、方便、实用，到现在才知道它的好处。

终于，在五金铺中用手比画，硬要他们卖给我一小方块铁纱，店员干脆说："不要钱，送给你。"

欢喜地把那片铁纱拿回酒店，贴在咖啡壶内的注水口上，这一来，才真正地享受到一杯好茶。

在没有喝茶习惯的国家中，我遭了好些老罪，上次在西班牙，向他们要滚水的时候，他们把有汽的矿泉水煮给我，泡出来的茶有股阿摩尼亚味，恐怖至极。

之后，我已不要求什么铁观音、普洱，只要有立顿黄色茶包已很满足。没有滚水？好，要杯咖啡，再把三个茶包扔进去浸，来杯鸳鸯算了。

我们这次的外景，最大享受是回到旅馆，每个人都把他们的临时泡茶工具拿出来，你沏一杯，我沏一杯。什么茶都不要紧，只要不是咖啡就行。喝入口中，比什么陈年白兰地更加美味。

日本的茶道，不过是依陆羽的《茶经》去做，很多人骂他们只注重仪式，但这也是悠闲生活的一个方法呀。在中国台湾，人们冲功夫茶越来越繁复，先用一把竹夹子把小茶盅中的茶叶夹出来，再来个小竹筒盛新茶装入，沏后倒入一大杯，再注入几小杯，把空杯闻一闻，再喝茶。说什么这才是真正的茶道。他们看轻日本和中国香港的喝茶方式，认为中国台湾产的冻顶乌龙，才真正叫作茶。

茶，要是一定要那么喝，已失去茶的意思。

茶，是用来解渴，用什么方式，都不应该介意和歧视。在没有任何沏茶工具的情况下做出来的茶，才能进入最高的境界。

最贵的

去新加坡几天，小朋友找我聊天。

"闷死人了，这场病。"他说，"公司又逼我们拿无薪假期，整天躲在家里，不知道做什么才好。"

"去旅行呀！"我说。

"这时候去旅行？"他反问。

"就是这时候，才是旅行最好的时候。"我说，"你们年轻人常说'工作忙，没时间；薪水低，钱不够'。现在你们有的是时间，飞机票和酒店都在大减价。这个旅行的机会，是绝无仅有的，天赐的。"

"走马观花又有什么乐趣？"他说，"风景在电视上也看过呀！"

"我常说旅行是人，不是地方。你会看到别人的生活方式，和自己的做一个比较。更好的话，值得羡慕的话，就向人家学习，做人也有了一个目标。更坏的话，你会对自己做一个重新的估价，觉得目前的生活很幸福。"

"我不必和人家比，也感到不错了。"小朋友说。

"那么肉体上的享受，你有没有尝过?"

"你是指些什么?"小朋友笑嘻嘻地问。

"比方说韩国的理发。"我说。

"韩国理发和我们的又有什么不同?"

"在韩国的小地方，找到一家理发店，你走进去就知道。一个大师傅替你剪发，一个年轻女孩子替你剃胡子，一根一根剃，修个脸至少一小时，另外一个力气大的男技师替你全身按摩。那种享受，不去韩国找不到。"

"哇。"小朋友叫了出来，"首尔有吗?"

"首尔比较少，你可以乘火车到离首尔远一点的小镇去，一切东西都相对首尔便宜，服务又好。"

"言语不通呀!"小朋友说。

"不会说当地话，用手比画，也是旅行的乐趣。只要你不贪小便宜，就不会受骗，太黑暗的角落别乱走，也很安全。"

"还有什么地方?"小朋友问。

"再远一点，到印度去吧!"我说，"当今的机票最便宜了，没人去。"

"印度又热又脏。"小朋友嫌弃道。

"你完全错了。去印度的迈索尔（Mysore）和班加罗尔（Bangalore），那里是山区，那边空气清凉，地方干净得很。

你走进他们的戏院，银幕、音响和座位，都是你想不到的豪华。这两个地方当今又是计算机发展得最快的，人家称为印度硅谷，生活水平很高。也可以直接飞新德里，到泰姬陵看看，那是'世界新七大奇迹'之一呀！亲眼看和看电视上的感觉完全不同。"

"不会有什么肉体的享受吧？"小朋友又微笑着问。

"瑜伽按摩你试过没有？"

"什么叫瑜伽按摩？"

"在一个穴位上，用瑜伽术一按就按上半个小时以上，真的像武侠小说中说的一样，有一股气慢慢输送到你的身体里面。"

"我才不喜欢阿差替我按摩。"小朋友问，"近一点的呢？"

"那么飞巴厘岛吧。"

"刚发生过大爆炸，不会太危险？"

"古龙的小说也说过，最危险的地方也是最安全的地方。恐怖分子很少在同一个地方来两次，现在大家都不敢去，住最好的酒店也要不了几个钱。"

"肉体享受呢？"小朋友又问。

"在洁白的沙滩上晒太阳，有按摩女郎在沙滩上替你按摩。你够胆的话吃一份蓝色蘑菇奄列，全身轻松舒服，睡三四个小时不会醒，像在云中一样。"

　　"那边的按摩有什么巧妙?"

　　"她们不但按摩,还帮你清理全身。当年我去的时候,颈项长了一颗脂肪瘤,她们在我睡觉的时候不知不觉地替我挤掉了。如果我在香港的医院开刀,那笔手术费至少够我去巴厘岛好几趟。"